Los números insólitos

*Questo libro è stato tradotto grazie a un contributo
del Ministero degli Affari Esteri e della Cooperazione italiano.*

Este libro ha sido traducido gracias a la ayuda a la traducción
del Ministerio de Asuntos Exteriores y de la Cooperación italiano.

Título original: *Numeri visti di sbieco.*
Un'insolita passeggiata da meno uno a infinito
En cubierta: © rawpixel
Diseño gráfico: Gloria Gauger
© Edizioni Clichy, 2023
Publicado por acuerdo con Anna Spadolini Agency, Milán
Todos los derechos reservados
© De la traducción, Ana Romeral Moreno
© Ediciones Siruela, S. A., 2025
c/ Almagro 25, ppal. dcha.
28010 Madrid.
www.siruela.com
ISBN: 978-84-10415-70-6
Depósito legal: M-3.507-2025
Impreso en Anzos
Printed and made in Spain

Papel 100% procedente de bosques gestionados
de acuerdo con criterios de sostenibilidad

Tommaso Maccacaro
Claudio M. Tartari

LOS NÚMEROS
INSÓLITOS
Una mirada de reojo
del menos uno al infinito

Traducción del italiano
de Ana Romeral Moreno

El Ojo del Tiempo

Índice

Prólogo
de Piero Bianucci   9

Uno   17
Cero   33
Menos uno   45
Raíz de dos   55
Un número cómodo   65
Dos números incómodos   75
Diez   85
Alfa, es decir, 1/137   97
Números prohibidos, secretos e ilegales   107
Números (que se han vuelto) engañosos   115
Miríadas, tropecientos, *fantastillones*   127
Infinito   141

Éxplicit   159

Lecturas recomendadas   165

Agradecimientos   167

Prólogo

de Piero Bianucci[1]

Este libro es para todo el mundo. Entre líneas, puede apreciarse una profunda cultura matemática (obvio, don Perogrullo), histórica, cosmológica, literaria, musical y filosófica (no tan obvio). Pero tiene la extraña virtud de saber camuflarla a través de una conversación distendida, amablemente voluble, teñida de una irónica indiferencia señorial. Pues eso, para todo el mundo.

Incluso al hablar de números en apariencia insignificantes (como el 1, el 2, el 10, el 12…), Tommaso Maccacaro, que fue presidente del Instituto Nacional de Astrofísica, y Claudio Maria Tartari, medievalista, os sorprenderán. Para ellos, el 12 es un número cómodo, ya que es divisible por 2, 3 y 4; de ahí el éxito de las docenas de huevos. Sin embargo, por desgracia, también dio lugar a la música dodecafónica. Se lo perdonamos porque doce son las partículas del núcleo del átomo de carbono, esa piedra angular de la vida. En cambio, el 13 y el 17 son incómodos: al ser números primos, solo son divisibles por sí mismos y por 1, que paradójicamente no se considera un

---

[1] Escritor y periodista científico, Piero Bianucci es columnista en *La Stampa*, diario donde durante veinticinco años ha dirigido el semanario *Tuttoscienze*, y colabora con la radiotelevisión italiana y suiza. *(N. de los E.)*.

número primo. Comodísimo es, en cambio, el número 60, divisible por 2, 3, 4, 5, 10, 12, 15, 20 y 30, y que por este motivo se encuentra en los relojes y los atlas, tanto terrestres como estelares.

Y, hablando de números primos, cuando Beckham pasó del Manchester United al Real Madrid, en 2003, eligió el número 23 para su camiseta. Esto dio lugar a múltiples interpretaciones. Hubo incluso quien pensó que pudiera tener que ver con las veintitrés puñaladas en la espalda que acabaron con Julio César. Marcus du Sautoy, que además de matemático es un futbolista aficionado, se dio cuenta de que el 23 es un número primo. Por aquel entonces, conscientes o no, todos los campeones del Madrid llevaban camisetas con números primos: Roberto Carlos, el 3, Zidane, el 5, Raúl, el 7, y Ronaldo, el 11. Descartando supersticiosamente el 17, Beckham eligió el primer número primo disponible.

Pero ¿tan importante es que un número sea solo divisible por sí mismo? Pues sí. Los números primos son para las matemáticas lo que los noventa y dos elementos para la química. Al igual que los noventa y dos elementos dan origen a millones de sustancias diferentes, los números primos multiplicados entre sí dan origen a los demás números enteros. ¿Os sigue pareciendo poca cosa? Pues os equivocáis. En los números primos se basan los sistemas para encriptar los datos de vuestra tarjeta de crédito y los mensajes que se intercambian los agentes secretos.

Al margen de los *fantastillones* del tío Gilito, Maccacaro y Tartari nos harán descubrir el inmenso número de Graham, el más grande de los números útiles, en el sentido de que *se asocia* a un uso físico-geométrico (qué concepto tan formidable). Ni siquiera podemos saber cuántas cifras lo componen. Con todo, siento un escalofrío aún mayor ante una simple fracción: 1/137, que se corresponde a 0,00729… Es la constante de estructura fina, un número mágico para los físicos, al cual, de hecho, llaman alfa, el comienzo de todo. Es adimensional (es decir, no depende de las unidades de medida que se empleen) y posee las tres constantes fundamentales y más importantes de la naturaleza: c, la velocidad de la luz; e, la carga eléctrica unitaria, y h, la constante de Planck. Contiene todo el electromagnetismo, es decir, esa parte de la física que hace posible el universo —y la civilización— tal como lo conocemos. Los últimos capítulos, que se adentran en el infinito y la naturaleza misteriosa (ontológica) de los números, dan vértigo. No los leáis si sufrís mareos.

Todos los números son importantes, pero algunos lo son más. Fue Descartes quien formalizó los exponentes. Pues bien, entre los números de los que merece la pena hablar se encuentra el 10^{82}, que es el número de todas las partículas elementales del universo. Y también el 10^{22}, el número de todas las estrellas de todas las galaxias. Y el 6×10^{23}, el número de Avogadro: en 18 gramos de agua, que es el fondo de un vaso, hay 100 veces más moléculas que estrellas en el cosmos. Algo más de 10^{17} es el número de segundos que han pasado desde el *big bang* hasta nuestros días (¡nada más y nada menos que 13 800 millones de años!) y, dado que los relojes atómicos de última generación alcanzan una precisión de 10^{-18} segundos, sus agujas (si las tuvieran) se equivocarían solo en un segundo al determinar la edad del universo…

Voy a omitir los números sexis solo porque no tienen nada de picante. Y me quedo pensando si acaso las matemáticas no serán un reflejo metafísico de la naturaleza en la mente humana. Este libro comienza bajo el signo del lema latino *Mundum numeri regunt* («Los números gobiernan el mundo»), atribuido a Pitágoras y a Platón, y continúa con la afirmación de Leopold Kronecker (1823-1891) de que «Dios creó los números enteros; el resto es obra del hombre». «Dios» es una palabra difícil. Es cierto que las matemáticas, comparadas con otras ciencias, pueden hacer alarde de una altiva autosuficiencia. No necesitan de la materia; su entidad es una ignota tierra abstracta que, de vez en cuando, una mente genial descubre y logra cartografiar. Sin embargo, ¿existen en sí mismas, o son inventos de la inteligencia (o, incluso, de Dios)? ¿Y de qué tipo de inteligencia? ¿Solo de la racional? ¿De la filosófica? ¿De la poética?

En un teatro abarrotado por mil cuatrocientas personas, me tocó presentar a Cédric Villani, ganador de la Medalla Fields (el Nobel de los matemáticos), más tarde consejero del presidente francés Macron. Explicaba cómo funciona su creatividad con las matemáticas (de forma «caótica —decía—, un 5 % es inspiración, y un 95 %, fruto del sudor de la frente») mientras gesticulaba con las manos. En determinado momento, se quitó los zapatos y empezó a gesticular también con los pies. Comprendí que manos y pies son prolongaciones del cerebro. A su lado, en el escenario, solo yo tuve el privilegio de apreciar la expresividad de las extremidades inferiores de un medalla Fields.

Cédric Villani se pasea con ropa extravagante y una gran araña de alambre prendida en la solapa. Lo llaman «el Lady Gaga» de los matemáticos. Pero hay quien le gana. Daniel Tammet es un caso digno de estudio, puede que, incluso, un caso clínico. Nacido en 1979 en Inglaterra, vive en Francia, a caballo entre París y Aviñón, con su pareja, que es fotógrafo. Se hizo famoso cuando publicó su autobiografía, *Nacido en un día azul*. Desde pequeño presentaba dificultades para relacionarse con otras personas y una memoria prodigiosa. Al principio le diagnosticaron síndrome del sabio, un retraso cognitivo generalizado que viene acompañado de habilidades específicas tales como, por ejemplo, la capacidad de hacer cálculos mentales complejos en tiempos muy breves.

No obstante, Tammet es todavía más especial. Habla once idiomas y ha inventado otros dos suyos propios, el *uusisuom* y el *lapsi*. Es sinestésico, es decir, en su cerebro asocia percepciones de sentidos diferentes (ve sonidos y escucha colores). Ve en colores también los números, que son su gran pasión: «El 0 y el 1 son el blanco y el negro; mientras que el 2, el 3 y el 4 son como los colores primarios aditivos, el rojo, el azul y el verde. El 9 podría ser una especie de azul cobalto o añil: en un cuadro contribuiría a las sombras más que a la forma». El 6 tendría características indeterminadas. El 333 le resulta atractivo, el 289, feísimo (¿quizá porque es el cuadrado de 17?), el número π, bellísimo, y así hasta el punto de que el 14 de marzo de 2004 recitó 22 514 cifras en aproximadamente cinco horas. Fue el récord europeo. En cambio, no parece gustarle el 1,6180339887…, la proporción áurea, la constante de Fidias, la sucesión de Fibonacci, la divina proporción de Luca Pacioli que subyace en tantos aspectos de la naturaleza, el arte y la geometría, un racionalísimo número irracional, además de inconmensurable.

Protagonista del documental *The boy with the incredible brain* [El chico del cerebro increíble], Tammet aprendió islandés en una semana —a pesar de que dicho idioma está considerado como uno de los más difíciles— y pinta cuadros que representan π, obviamente, en colores. Tras varias pruebas neurológicas, los médicos descartaron el diagnóstico de autismo y optaron por el similar de síndrome de Asperger. Al tener cinco hermanas y tres hermanos, y ser nueve hijos en total, Tammet aprovecha su situación familiar para explicar la teoría de los conjuntos. En resumen, es la prueba viviente de cómo los números pueden convertirse en un relato y, por consiguiente, en vida.

Y esto lo saben muy bien Tommaso Maccacaro y Claudio Maria Tartari.

Mundum numeri regunt.[2]

Expresión latina atribuida
a PITÁGORAS y a PLATÓN

Uno

«Dios creó los números enteros; el resto es
obra del hombre».

LEOPOLD KRONECKER (1823-1891)

A un mono acostumbrado a recibir diariamente la cantidad
de comida adecuada a su modo de vida se le obliga a guar-
dar ayuno. Si se le ofrece un montón de fruta y otro montón aún más grande, el mono hambriento elige el montón
más grande, come hasta saciarse y deja parte de la comida.
Después, al volver a su régimen habitual, si se le ofrecen
las mismas opciones, elige la cantidad menor. El animal de
laboratorio ha experimentado la carencia, la abundancia y
la suficiencia, y ha elegido esta última.

Lo que determina su valoración —cuando se le dé la
posibilidad de elegir— es esa pequeña parte de su encé-
falo llamada hipotálamo, que se encarga de varias funciones vitales; entre otras, la regulación de la sensación de
hambre. Los seres humanos comparten con otros anima-
les superiores esta función reguladora, pero disponen de
un área cerebral frontal que les permite procesar y conceptualizar la experiencia generalizada de la necesidad
alimenticia urgente: el hambre.[3]

---

[3] Andrea Marini, *Manuale di neurolinguistica*, Carocci, Roma, 2008.

Grosso modo, podemos decir que a lo largo de la evolución de la rama que conducirá a la especie *Homo* se fue formando el concepto comparativo de poco o nada, bastante, mucho y demasiado. Por tanto, es muy probable que este concepto comparativo partiera de la barriga, es decir, de la necesidad diaria de comida, y que, gracias a la compleja actividad de la corteza cerebral, se fuera extendiendo a otras valoraciones del hábitat de nuestros progenitores. No se trataba de un ejercicio abstracto. Se trataba de evaluar cómo sobrevivir frente a la experiencia de frío, templado, caliente, abrasador, o bien frente a la experiencia de oscuridad, claridad, luz, resplandor, etc. Esta es la premisa para una conceptualización que resulta difícil de situar en el tiempo por medio de un análisis secuencial paleontológico. No obstante, el resultado de este largo proceso (de la barriga vacía al pensamiento) se puede apreciar en el *Homo sapiens* del Paleolítico medio, hace más de treinta mil años: el concepto de cantidad. Cuando hablamos de cantidad nos referimos a algo medible y cuya medida puede ser compartida con los demás. Poco, mucho, etc., permanecerán en el día a día como términos útiles y corrientes, aunque subjetivos, válidos para el individuo, válidos en una discusión cualitativa acerca de temas sobre los cuales se puede estar relativamente de acuerdo. Son un denominador común implícito. El grupo humano se dio cuenta de que, para la indispensable cooperación o reparto de tareas para sobrevivir, era necesario expresar la cantidad en términos convencionales y comprensibles. Probablemente fueran los dedos de las manos los primeros instrumentos con los que se comunicaban cantidades pequeñas. Aún hoy en día los usamos y con códigos más o menos versátiles, que cambian, como todos los códigos, con el paso del tiempo y de una cultura a otra.

De todas maneras, la principal limitación a la hora de expresarse por gestos reside en su naturaleza instantánea: no se pueden detener en el tiempo. Lo que el homínido había cuantificado, tal vez dialogando con un igual, dejaba de ser perceptible inmediatamente después. Quizá inventaran el juego de piedra, papel o tijera, pero aún quedaba por idear un código que se pudiera registrar y que perdurara…

Que nos estábamos acercando al concepto de número no es más que una declaración de intenciones por parte del narrador. El escenario hasta aquí descrito es fruto de la interacción entre estudios de paleontología, neurociencia, etología y biología. Aun así, por verosímil que pueda parecer, este escenario no es más que hipotético. Por tanto, ¡debemos ser cautos en todo lo que respecta a épocas tan remotas!

Sin embargo, según nos vamos acercando a la protohistoria y a periodos propiamente históricos, podemos contar con información más sólida. Los hallazgos de huesos que presentan muescas e incisiones interpretables como signos que servían para contar se sitúan entre hace treinta y cinco mil y hace veinte mil años. Los más conocidos —el hueso de Lebombo, hallado en Sudáfrica, y el hueso de Ishango, cerca del lago Eduardo— nos ofrecen ya una representación compleja en la que podemos suponer que muescas de diferente tamaño y posición corresponden a valores diferentes. Más allá de la finalidad de tan complejas incisiones (¿lunaciones?, ¿un calendario?, ¿un juego numérico?), lo que estas revelan es probablemente una tradición de cómputo consolidada. Grabar una muesca en un soporte rígido, una marca vertical que parece un dedo extendido, significaba contar una entidad objetiva. Por tanto, cabe suponer que esta modalidad estuviera en uso hace miles de años hasta el punto de alcanzar una elaboración tan compleja como la que muestran los hallazgos africanos mencionados.

Asimismo, cabe suponer que la modalidad de incisión más antigua y difundida empleara materiales que estuvieran al alcance de la mano, perecederos, como un palo de madera, efímeros, como un trazo dibujado con carbón sobre un guijarro. Por esta razón, es imposible hallar tal documentación, ya que solo existe en el razonamiento retroactivo de los expertos. Sin embargo, sí que podemos revisar las numerosas señales que se conservan en huesos fósiles o piedras, interpretadas como decorativas hasta que fueron descubiertas y fechadas, en la segunda mitad del siglo xx. En tal caso —pensaron los estudiosos—, los arañazos y las muescas que se remontaban al Paleolítico superior podrían confirmar una primitiva actividad más básica de cálculo. No resulta difícil imaginar un sistema de registro de bienes almacenados en un depósito, como, por ejemplo, fruta recolectada, en el que a cada elemento le correspondería una muesca confirmatoria. Por medio del registro, el montón (es decir, la cantidad imprecisa: poca, mucha…) se convierte en una cantidad formal, sujeta a sumas o restas comprobables. Ahora sí que nos estamos acercando al concepto de número.

Además de los signos gráficos, las palabras pueden ayudarnos a comprender cómo se fue configurando el concepto de número. La disciplina que acude en nuestra ayuda es la paleolingüística. Aun así, por muy antiguas que puedan ser las palabras que esta encuentra en el pasado de los pueblos, siguen siendo mucho menos antiguas que los hallazgos que nos ofrecen los paleontólogos. Lo único que la paleolingüística comparte con estos últimos es la incertidumbre. Así pues, sigamos con nuestra historia, pero siempre con las debidas precauciones.

En la lengua más antigua que conocemos de la rama indoeuropea, el sánscrito, la palabra «número» se remonta etimológicamente a *nàmas*, que en su significado original nos depara sorpresas, ya que indica «ración de comida». A la misma raíz se remontan palabras tan importantes como la griega νόμος [*nomos*] («regla», «ley»), y la latina *nummus*, es decir, la unidad de medida de un intercambio que se convertirá en la moneda. Puesto que no podemos pensar que los antiguos conocieran el hipotálamo o supieran sobre monos hambrientos, el étimo resulta aún más elocuente. La cantidad de comida es el valor más importante que requiere de formalización y de registro. De la palabra sánscrita queda constancia por escrito hace tres mil quinientos años, pero, por muy antigua que esta sea, ¡los fósiles con muescas se remontan a hace decenas de miles de años! Con todo, puede decirse que medir los recursos alimentarios seguía siendo la necesidad principal. Una vez más, es la barriga la que lleva la voz cantante.

De esta información etimológica se derivan otras consideraciones. Si contar como hacían los primitivos podía ser un acto individual (como hemos dicho, una comparación entre el propio montón y las muescas), enumerar es un acto social, la función de un grupo que debe repartirse las cantidades de bienes per cápita, un tanto por cabeza. Y es aquí cuando, por fin, hace su aparición el protagonista de este capítulo, del cual todo lo contado hasta ahora no es más que un antecedente: el número 1.

Tal como veremos, «uno» es una palabra polisémica, como dirían los lingüistas, que se comporta de manera ambigua y contradictoria en sus diferentes acepciones. Sin embargo, nos gustaría que, al menos en su acepción aritmética, fuera unívoca y segura: ¿qué hay que sea menos ambiguo que uno y que un solo trazo para indicar una única entidad? En breve sabremos un poco más, cuando profundicemos en el comportamiento matemático del número 1. De momento, perfilemos su carácter. Empecemos por su fisonomía gráfica: en todos los sistemas de notación numérica conocidos en el tiempo y en el espacio, el 1 es el trazo más sencillo (un arañazo, una muesca, un asta, un trozo de cuerda, un trazo de lápiz o de tinta). Solo en la notación mesopotámica más antigua, donde para grabar la arcilla se usaba un estilete obtenido al seccionar un palito cilíndrico con un plano inclinado respecto al eje, el 1 se representa como medio círculo, como una ce al revés. No obstante, la notación posterior adoptará el cuño conocido como cuneiforme, en el que el 1 se representa con una única perforación. En un planeta como el que imaginaba el novelista Philip José Farmer (1918-2009), donde conviven hombres de todas las épocas y naciones, el signo gráfico empleado para indicar el 1 sería comprensible para todo el mundo. Como acabamos de decir, su conceptualización gráfica es la más primitiva, simple y casi inmediata.

Por el contrario, su conceptualización verbal (operación que requiere, además, de la activación de varias áreas neuronales) es mucho más compleja, heterogénea en sus significados y rica en implicaciones. Sin embargo, el panorama que vamos a describir tiene el típico defecto de todas las operaciones de lingüística comparada: no solo se comparan vocablos creados y usados en contextos culturales diferentes, hasta hacernos dudar de que se trate del mismo término, sino también formulados en épocas históricas indefinidas. Por eso las matemáticas tienen la ambición centenaria de convertirse en un lenguaje universal y unívoco. Este es un objetivo que se puede lograr por medio de la adopción de un código universal compartido. De todas formas, inventar este código no implica su comprensión y adopción inmediata…, ni siquiera en el caso del que parece ser el más intuitivo, sencillo y básico de los números, el 1.

Comencemos nuestra descripción general con el idioma zulú, en homenaje al hueso de Lebombo. La palabra *nyi*, que corresponde al 1, significa «estado de soledad». Sin ánimo de enfatizar la implicación psicológica de tal denotación, *nyi* es probablemente la señal de que el número 1 fue percibido solo en relación con algo diferente al 1, algo diferente a la identidad del sujeto que piensa en el 1, pero también en relación con otro número que exprese una cantidad distinta. 1 por sí solo no significa nada; sin embargo, es útil si hay muchas cosas que contar (el famoso montón con el que hemos comenzado esta historia).

«Solo, solitario» es asimismo el concepto relacionado con la palabra *yan*, que se usa para decir 1 en las lenguas camíticas, entre las cuales se encuentra el *amazigh* (bereber); es decir, pueblos nómadas. No obstante, esto no es más que una observación (¡nada más lejos de nuestra intención querer lanzar teorías!).

El hecho es que, en el extremo más oriental de África, los pueblos camíticos se establecieron a orillas del Nilo en el VI milenio a. C. Para los antiguos egipcios, la palabra que define el 1 es extremadamente concreta. Así, *wa* es el trozo de soga, el segmento de cuerda que se utiliza en el cómputo práctico. En este caso, la unidad de cálculo parece estar más relacionada con la medición de espacios que con entidades móviles, ya fueran personas u objetos.

Mucho antes de los egipcios, los sumerios ya habían ideado un complejo sistema de cálculo; pero la palabra para el 1, *desh*, parece indicar solo el trazo lineal, el umbral a partir del cual comienza la posibilidad de contar: de este lado del umbral no hay posibilidad de cuantificar, dado que no hay nada. El resultado de *desh* en lenguas semíticas menos arcaicas, como el hebreo y más tarde el árabe, fue *'H(a)d*. Esta palabra sí que significa 1 como número cardinal, pero conserva igualmente los significados de «límite», «separación», «aislamiento» y «unicidad». Los teólogos de las religiones monoteístas tuvieron con qué deleitarse.

Dudosa es la etimología del término neolatino *uno*, aunque es tan parecida a la de otras lenguas indoeuropeas como variopinta en sus significados. La palabra sánscrita para 1 es *e-ka*, que nos remite también a «identidad». De ella deriva, en las lenguas iranias, *(y)ek*, y en hindi, *ek*. Sin embargo, desde un punto de vista fonético, nuestro «uno» (*one, ein*, etc.) está más relacionado con el sánscrito *e-na*, que significa más bien «esto», lo cual ha hecho suponer que *e-na* podría referirse al dedo índice extendido, como signo demostrativo y como gesto cuantitativo. Igual de hipotético —pero muy sugestivo— es relacionar la palabra *e-na* (cuyo resultado en algunos idiomas es *au-n*) con el concepto de crecimiento progresivo. Por su similitud con el latín *aug-eo* («aumentar», «hacer crecer»), del número cardinal 1 derivarían por crecimiento todos los demás números. Hay una teoría que relaciona un evento natural concreto con el hecho de que del 1/individuo mane el 2, y de ahí los demás números: el embarazo, donde el sujeto, consciente de ser 1, asiste al crecimiento de su vientre, y finalmente del yo/1 mana otro 1. Por tanto, según esta fascinante teoría, es muy probable que fuera en la mente femenina donde se fraguara el concepto de crecimiento numérico, mucho antes que en el cerebro masculino. ¿Las matemáticas nacen en una mujer?

Sugestiones aparte, lo que es un hecho es que en las lenguas modernas de origen indoeuropeo el 1 indica:

— El valor mínimo de cantidad como número cardinal.

— La singularidad de la entidad, en su derivado «único», con todas sus implicaciones filosóficas, físicas, metafísicas, etc., que se encontrarán en la lengua griega.

— Carácter genérico, indeterminación.

— Multiplicidad, en su derivado «unión» (hacer uno a partir de muchos).

De todas formas, la rama lingüística que muestra aún más variantes asociadas al 1 es la china. La palabra es tan concisa como el signo, el típico trazo, pero horizontal: *yi*. Pronunciada con diferentes entonaciones abarca significados que no se refieren a un mismo concepto («vestido», «médico», «ala», «amanecer», «depender» y otros); pero, en un caso, *yi* nos sugiere el concepto de incremento, aumento, es decir, la cantidad mínima existente de la que surgen o dependen los siguientes números cardinales. En este caso, el proceso conceptual sería parecido al que se ha especulado para el latín.

¿Es posible hallar una constante en todos estos casos? De ser así, residiría en la analogía de las funciones cerebrales ante problemas comunes. El primer problema que se presenta en la vida biológica del recién nacido de nuestra especie es su relación con su fuente de alimento, su madre, de la que depende durante un tiempo bastante más largo que la mayoría de los demás cachorros, preparados para una rápida autonomía. Por medio de esta relación primaria se forma la identidad, esto es, se forma en relación con el otro. De aquí a conceptualizar el 1 hay un buen trecho, pero ya existe una conexión, y dicha conexión no sería posible si el cerebro humano no estuviera dotado de áreas preparadas para dicha operación superior; áreas que, sin embargo, no se activarían si el niño, por ejemplo, fuera alimentado en ausencia de relaciones humanas.[4] Por este motivo, podemos explicar cómo se formó la capacidad de distinguir entre cantidades indefinidas de manera consciente, duradera y compartida a partir de la filogenia de nuestra capacidad abstractiva, que a lo largo de miles de años nos conducirá hasta el concepto del 1. Comenzar a contar de 1 en adelante fue un hecho necesariamente social, un instrumento de supervivencia del individuo y del grupo humano de pertenencia. Esa actividad mental que llamaremos matemáticas —¡exclusiva de nuestra especie!— empieza precisamente por el 1, que es la identidad individual y la primera cantidad numerable. En medio de la maleza de la evolución de los primates, la capacidad matemática fue una de las que garantizaron el éxito del más débil de los plantones.

He aquí, pues, el número 1, el número por antonomasia. Podríamos llamarlo el yo de los números. Considerémoslo ahora en contraposición al no-1, el-que-no-es-1, y obtendremos varios significados. El no-1 puede adoptar distintas

[4] Daniel J. Siegel, *La mente relazionale. Neurobiologia dell'esperienza interpersonale*, Cortina, Milán, 1999. [*La mente en desarrollo. Cómo interactúan las relaciones y el cerebro para modelar nuestro ser*, Desclée De Brouwer, Bilbao, 2007].

formas: 2, 0, –1 o 2/3, por ejemplo, pero también 10. Limitémonos a estas posibilidades, que son las más obvias y nos bastan para revelar las diferentes características de la representación simbólica de un único ejemplar de cualquier familia de objetos o conceptos, concretos o abstractos.

Al número 1 le dan un sentido especial los números que siguen a continuación. Nos basta con el 2. El 2 exalta la singularidad del 1 y su identidad, pero también requiere superarla. De lo contrario, sería imposible pasar del 1 al 2, al 3 y a muchos. Solo podemos contar cantidades homogéneas: peras y peras, o manzanas y manzanas; pero, como nos enseñaron en primaria, no sumamos peras y manzanas. Peras y manzanas se pueden sumar y contar juntas solo si las consideramos desde un plano diferente, pasando de lo específico a lo genérico. Ya no son manzanas o peras, sino frutas. Una vez concebido el «más de 1», que del 1 lleva al 2 (como en el vientre de la mujer), ya no podemos parar: es una cornucopia. Si continuamos con sucesivas sumas posteriores, nos dirigimos, con números cada vez más grandes, hacia el infinito (uno de los distintos infinitos posibles), que, sin embargo, no es un número. Pero ni nos acercamos a él. 1-2: singular y plural, soledad y multitud, yo y los otros. La cuestión es que sean homogéneos, como acabamos de decir.

El 0 (un número formidable que merece ser tratado aparte) exalta la existencia del 1. Presencia-ausencia, encendido-apagado, ser-no ser. Con las dos únicas cifras de 0 y 1 (aunque también podrían haber sido dos símbolos diferentes) se define el sistema numérico binario, y con esto se puede codificar el mundo. Música, textos, imágenes y todo tipo de datos son hoy en día codificables y codificados mediante oportunas series de «1» y «0» (circuito cerrado -circuito abierto para los ordenadores): bits organizados en un *byte*. ¡Qué hermosa es la digitalización!

La cantidad de contenidos digitales que hay en el mundo, incluidos aquellos efímeros (¡o que nos gustaría que lo fueran!), como una conversación telefónica, se mide hoy en día en decenas de *zettabytes* (ZB). Un *zettabyte* equivale a 10^{21} *bytes*, es decir, a mil trillones. Por tanto, para dotar a vuestro ordenador de la capacidad para almacenar un *zettabyte* de información, deberíais recurrir a mil millones de discos de 1 *terabyte*, que son los que comúnmente usamos en la actualidad.

Así pues, estamos rodeados de una multitud de unos y ceros, una cantidad extremadamente superior a la de las estrellas de nuestra galaxia y las galaxias de todo el universo observable.

El no-1 puede adoptar la apariencia de −1 (también este, prototipo de los números negativos, merece ser tratado aparte y lo será). 1 y −1. Positivo y negativo, igual y contrario. La simetría encontrada. El número 1 adquiere, por tanto, un signo que hasta ahora era implícitamente positivo y que, por tanto, se omitía. Ahora sabemos que también puede ser negativo. Hay un arriba y un abajo, y una derecha y una izquierda. Hay dos formas de recorrer la misma dirección, los dos sentidos: ¡se puede ir también por el otro lado! Parece una tontería, pero históricamente no lo ha sido.

En la India, las reglas para manipular los números negativos las estableció en el siglo VII Brahmagupta, que ya había probado suerte con la aritmética del 0. En cambio, en Occidente los números negativos no fueron introducidos hasta el siglo XV, cuando los estudiosos comenzaron a traducir textos antiguos de origen islámico y bizantino. Los mercaderes ya los usaban para llevar las cuentas de las pérdidas y ganancias, entradas y salidas, débitos y créditos, aunque todavía no se había formalizado el álgebra de los números negativos. Esto llegaría más tarde, con la necesidad de resolver ecuaciones de segundo y tercer grado.

Igualar el 1 con 2/3 (o con 1/2 o incluso con 3/4; o con cualquier fracción de 1) es arriesgado y desafía la integridad del 1. Por ello resulta incluso necesario introducir una nueva clase de números. Ya no se trata solo de números naturales o relativos —en cualquier caso, enteros—, sino también de números racionales. Infinitos números nuevos que no solo hacen, literalmente, trizas al 1, sino que además llenan el vacío aparente que lo separa del 0 y del 2.

¿Qué aprendemos al oponer al 1, no ya el 2, el 0 o el −1, que están relativamente cerca de él, incluso pegados, sino el 10? El resultado más interesante es el que se deriva de escribir que 1 es igual a 10. No se trata de una herejía, sino que lo que significa es que, en ciertos contextos, como por ejemplo en astrofísica, y por lo general cuando tenemos que lidiar con cantidades tan grandes que no se pueden calcular con exactitud, no suele importar el detalle, sino el orden de magnitud. Que en nuestra galaxia haya doscientos mil millones o cuatrocientos mil millones de estrellas (que tampoco se sabe con exactitud) no cambia mucho. Lo que importa es saber que son unos cientos de miles de millones (unos 10^{11}). Por tanto, 1 igual a 10 define un intervalo de valores en el que los números, *grosso modo*, son equivalentes y pierden interés, para dejar espacio al exponente, por lo general grande (al orden de magnitud). ¿Cuántas briznas de hierba hay en un campo de fútbol? Con la aproximación $1 = 10$, la respuesta es unas 10^8, es decir, unos cientos de millones, y da igual si son 2 o 5. Si nos basta con conocer el orden de magnitud, es fácil calcularlo: un campo de fútbol mide entre cien y ciento diez metros de largo, y entre sesenta y cinco y setenta y cinco metros de ancho. La densidad de la hierba en un césped bien cuidado es de unas tres-cinco briznas por centímetro cuadrado. ¡La cuenta sale enseguida!: $105 \times 70 \times [4 \times 100 \times 100] \sim 3 \times 10^8$.

Podríamos seguir hablando del 1, el único divisor, junto con el propio número, de cada número primo (pero sin ser, por una discutible convención, primo él mismo); elemento neutro de multiplicación y división; número feliz y poderoso, y mucho más: práctico, estrictamente no capicúa, idóneo… Pues sí, porque los matemáticos se inventan (*pardon*,[5] definen) las propiedades más extrañas para

---

[5] En francés en el original. *(N. de la T.)*.

los números y las bautizan con garbo, audacia y fantasía. Por tanto, podemos tener números poderosos, felices, idóneos, sublimes, prácticos y oblongos, y mucho más. Parece no haber límite para la fantasía. Pero ¿qué quieren decir todos estos términos? Un número feliz es, por ejemplo, un número (entero positivo) tal que, al reemplazar el número con la suma de los cuadrados de sus cifras y repitiendo el proceso varias veces, se llega a obtener 1. El número feliz que viene justo después del 1 es el 7. De hecho, $7^2 = 49$; $4^2 + 9^2 = 97$; $9^2 + 7^2 = 130$; $1^2 + 3^2 + 0^2 = 10$; y, ¡por último!, $1^2 + 0^2 = 1$. También puede ocurrir que entremos en un ciclo que no lleve nunca a 1. En tal caso, ¡sería claramente un número infeliz! No queremos aburriros con las definiciones de número poderoso, idóneo, sublime, etc. Quien quiera profundizar en el tema, puede encontrarlas en la Wikipedia.

Llegados a este punto, es más divertido dar un paso atrás (¿o más bien adelante?) ¡y hablar del 0!

Cero

«La nada no existe. El cero no existe.
Todo es algo. Nada es nada».

VICTOR HUGO (1802-1885)

Hemos argumentado cómo los números derivan del concepto de cantidad, cantidad perceptible, desplazable y, por tanto, numerable. En ausencia de cantidad, es difícil pensar en un número. Comenzamos a contar con la mano. El código digital, en latín *digitus* («dedo»), es lo que pasará a llamarse las cifras. Por consiguiente, la mano no puede ofrecer el 0, número que no representa el comienzo del cómputo (cosa que le corresponde al 1), sino un vacío, esa ausencia de la que antes hablábamos.

Pedidle a un amigo que cuente hasta cinco con la mano. Si es americano es muy probable que empiece por el índice, si es italiano por el pulgar y si es indio por el meñique. En cualquier caso, todos comenzarán a contar por el 1, para acabar con la mano abierta. Nadie empieza por el 0, con el puño cerrado. Y la verdad es que ningún código digital conocido prevé empezar por 0. En cambio, si tenéis que medir (que no es lo mismo que contar) la altura de una persona, la capacidad de una botella, el ancho de un hueco de la pared o el peso de un paquete de jamón que le habéis pedido al charcutero, entonces comenzáis por el 0: en el instrumento para medir tenéis marcada la muesca

33

que indica nada de espacio, nada de volumen, nada de jamón. Es el límite de lo mensurable. Entre el 0 y el 1 hay algo, y hay que empezar a contarlo por lo que no existe: por el 0 marcado que no mide nada, pero que define el comienzo de la escala, el origen. Si empezarais por el 1, al acabar el trabajo, no conseguiríais colocar la estantería que os ha preparado el carpintero porque tendría un centímetro de más; y si fuera el charcutero el que empezara por 1, cambiaríais de tienda… En cuanto a la numeración de las casas en las calles, esa casa «tan bonita, en la calle de los Locos, número 0» que se hizo famosa por una canción de Sergio Endrigo (en el Zecchino d'Oro[6] de los años sesenta) gustaba tanto, en concreto, porque físicamente no existe, y, en consecuencia, solo puede llevar el número 0. Para medir de manera correcta hay que empezar por el 0, entendido este como origen, en especial, para medir el tiempo. Podemos decir que 0 es el tiempo antes de nacer y que, a partir del primer segundo, la edad comienza a correr. Si la unidad de medida son los años, solo al cumplir el primero tenemos un año, aunque llevemos con vida desde hace doce meses o trescientos sesenta y cinco días, etc. Antes no, no hay tiempo: 0 de cualquier unidad de medida temporal.

[6] Zecchino d'Oro es un festival de canciones infantiles que se lleva realizando en Italia desde finales de los años cincuenta del siglo XX. En Italia es una de las programaciones más longevas y goza de gran popularidad. *(N. de la T.)*.

En el siglo VI, Dionisio el Exiguo introdujo una nueva numeración de los años a partir del nacimiento de Cristo, que había conseguido fechar en correspondencia con el año 753 a partir de la fundación de Roma. Dicha numeración volvió a arrancar de 1. El devoto monje quería imponer una cisura ideológica con la era pagana, como si antes del nacimiento de Cristo el tiempo «contara 0». Al igual que todos sus contemporáneos, entendía el tiempo como algo lineal, que se podía marcar en una tabla, justo como el carpintero del que hablábamos antes. Esto es, que «contaba el listón»,[7] como siguen diciendo los reclusos o como decían los soldados que esperaban terminar el servicio militar. Al empezar por 1, y no por 0, generó una confusión que fue creciendo a lo largo de los siglos; no obstante, habría sido difícil hacerlo de otra manera. Como buen romano, Dionisio no conocía el 0. Para tener un calendario occidental con el año 0 tendremos que esperar a los astrónomos, los verdaderos señores del tiempo (al menos hasta la introducción de los relojes atómicos). A mediados del siglo XVII, Giovanni Cassini (1625-1712) definió una cronología que utilizaba el número 0 para indicar el año 1 antes de Cristo, −1 para indicar el anterior, y así sucesivamente, simplificando los cálculos de los intervalos temporales, como los relativos a la periodicidad de las apariciones del cometa Halley.

---

[7] La expresión «contar el listón», en italiano *contare la stecca*, hace alusión a la costumbre que tenían los presos y los militares de apuntar en la madera los días que llevaban encerrados o en servicio. *(N. de la T.)*.

Que el 0 es un número especial, quizá el menos natural de los números naturales (*N*), nos lo muestran su historia y algunas de sus extrañas propiedades. Los antiguos romanos no lo conocían y empleaban un sistema de numeración bastante complejo, basado en la combinación de siete símbolos: I, V, X, L, C, D y M (1, 5, 10, 50, 100, 500 y 1000, respectivamente), cuya explicación gráfica se halla en un sistema de muescas dispuestas en diferentes orientaciones. Encima de dichos símbolos se marcaban una o dos muescas horizontales que multiplicaban su valor por mil o por un millón. Si ya a veces cuesta leer una fecha en números romanos, ¡imaginaos tener que hacer cálculos!

Como hemos dicho antes, no solo los romanos, sino todos los pueblos de las grandes civilizaciones mediterráneas carecían del número 0 para hacer cálculos. No obstante, fueron excelentes topógrafos y astrónomos, hábiles arquitectos y buenos ingenieros, y muchas de sus obras siguen despertando admiración todavía (pirámides, templos, acueductos, etc.). Estas obras no se erigieron sobre la base de números cifrados, sino por el ensamblaje progresivo de módulos que a su vez se basaban en unidades de medida materiales: listones, trozos de cuerda, etc. Eran operaciones de geometría aplicada, y funcionaban muy bien. La geometría euclídea —que tradicionalmente se remonta a los egipcios— se había acercado al número 0 al conceptualizar el punto geométrico. El punto, por definición, carece de dimensión; no tiene consistencia. No sirve para medir. Formalizarlo en un número —¡que habría sido el 0!— era incompatible con una aritmética que para calcular usaba un sistema en el que los números son representados a través de una combinación de símbolos, como hemos dicho, sin valor posicional.

Al concebir el punto, los geómetras egipcios —cuyos conocimientos compiló Euclides (ss. IV-III a. C.), y también los reelaboró rigurosamente y los ordenó de manera axiomática— ya habían dado la forma gráfica que le corresponderá a la cifra 0: el punto, y punto.

¿De dónde proviene ese «número» que los árabes tomaron de los persas, los persas de los indios —junto al sistema de numeración posicional decimal— y que, por último, los árabes transmitieron a los europeos en el siglo XIII? Es un viaje que dura mil años y que comienza con lo que está documentado en el Manuscrito de Bajshali, en el que «aparece un sistema decimal completamente evolucionado que incluye el cero».[8] Este manuscrito se remonta a los siglos III-IV de nuestra era. El lugar en que se halló merece ciertas consideraciones: se trata de una localidad situada en el curso alto del río Indo, en cuyo valle habían surgido miles de años antes civilizaciones urbanas muy evolucionadas. Podemos conjeturar que con la aplicación de la geometría al urbanismo y a la arquitectura se dio el salto lógico del punto geométrico al punto aritmético (el 0), cosa que no había ocurrido en el ámbito medite-

[8] George Gheverghese Joseph, *C'era una volta un numero. La vera storia della matematica*, Il Saggiatore, Milán, 2000.

rráneo. Además, Bajshali se encuentra en un cruce de intercambios comerciales entre Oriente Medio y el Lejano Oriente (la llamada Ruta de la Seda), donde el sistema decimal con el 0 resultaba muy útil para la contabilidad mercantil, incluso más que en la construcción. En cualquier caso, si el manuscrito se remonta al siglo IV, un sistema de cálculo tan evolucionado tuvo que llevar consigo una larga elaboración que desembocara después en dicho acabado formal. En los siglos VII y VIII, el sistema ya se usa con éxito en Indochina y en las islas de Indonesia. ¿Cómo puede ser que el 0 y sus funciones no irrumpieran en el Occidente cristiano-helenístico? Probablemente, porque el Imperio persa era el enemigo declarado de los griegos, los romanos y los bizantinos. Su cultura se topaba con una oposición ideológica en el Mediterráneo. Cuando los árabes derrocaron el Imperio sasánida, la cisura entre el mundo cristiano y el mundo islámico fue tal que los conocimientos heredados de los árabes tardaron siglos en ser compartidos con Europa. En concreto, habrá que esperar a un mercader pisano de comienzos del siglo XIII llamado Leonardo Pisano, hijo de Guglielmo Bonacci. Leonardo Pisano, más conocido como Leonardo Fibonacci, con su *Liber abaci* contribuyó a difundir la nueva numeración decimal posicional y los cálculos matemáticos, utilizando los números del 1 al 9 y también la cifra 0, que con ello dejó de ser un mero marcador. En la época inmediatamente anterior a Fibonacci, los arquitectos habían «cubierto toda Europa con un manto blanco de catedrales», de castillos con torreones, de audaces construcciones góticas; se habían canalizado campos baldíos, se habían botado embarcaciones con formas innovadoras y construido complejos instrumentos musicales. El mundo material avanzaba incluso sin el 0. Las primeras en hacer uso del nuevo sistema de cálculo fueron las finanzas, por usar un término moderno. El sistema decimal dotado del 0 contable arraigó rápidamente entre los banqueros, los cambistas y los mercaderes. Las ciudades comerciales italianas del siglo XIII inventaron los paquetes de acciones, las pólizas de seguros, las letras de cambio y la partida doble. El éxito fue inmediato en todas las plazas comerciales europeas, que compartieron de forma rápida e inevitable su nuevo lenguaje contable. Sin embargo, el mismo mercader, banquero, etc., que quisiera escriturar en el notario la compra de tierras y edificios —ese era el salto social que su clase anhelaba— exigiría el uso de la antigua notación romana. Era una comprensible resistencia cultural, algo parecido a lo que ocurrió con el paso de los billetes a las tarjetas de crédito y más aún con lo que ocurrirá con las monedas virtuales como el bitcóin. Quizá este ábaco con el 0 y las vueltas del remanente de las transacciones comerciales sonara a tejemaneje de tendero… Pero sobre todo lo que sucedía era que el 0 no se correspondía en absoluto con la idea de un bien inmueble y material. Podemos imaginarnos que en Florencia y Luca dirían: «Cosas de pisanos…».[9]

Comenzando hacia atrás desde aquel *zefir* del que escribe Fibonacci (nuestro 0 a todos los efectos), veamos ahora cómo ese número, sin duda especial, fue, durante

---

[9] Existe una rivalidad histórica entre Pisa y Florencia, así como entre Pisa y Luca. *(N. de la T.)*.

su migración, entendido y utilizado. En sánscrito, el signo del que estamos hablando aparece documentado en el Manuscrito de Bajshali, donde se le denomina *s'hunya*, palabra que tenía múltiples significados que abarcan desde los más concretos, como «punzón», «punto» o «agujero», hasta abstracciones como «vacío», «espacio celeste» e «infinito». No es en absoluto banal que el 0 y el infinito fueran conceptos expresados con la misma palabra: un no-número. En persa antiguo, la palabra tomó el sonido [sef(e)r], con la ese sonora, conservando el significado de «vacío»; en árabe, sonó [zifr]. Probablemente, Fibonacci escuchara más la variante persa que la árabe y la transcribió al latín como *zephirum*, en vulgar, «céfiro», y luego, «cero». Hacia finales del siglo XIII, hay constancia de la palabra en Bizancio, con el sonido [tziphra]. La variante neogriega pasará después a ser el vocablo que designará los números, no solo el 0: «cifra».

¿Cómo se usa el 0? ¿Cuáles son sus propiedades? ¿Qué representa? En una cuenta atrás, es el momento en el que algo por fin ocurre, ya sea el lanzamiento de una sonda interplanetaria a Júpiter, el comienzo del año nuevo o la explosión de un artefacto. Es, por tanto, el final de la espera. Como indicador absoluto de temperatura (en la escala Kelvin) es inalcanzable; como resultado de una suma de contenidos diferentes indica la neutralidad del conjunto. El universo tiene (muy probablemente) carga 0, a pesar de poseer partículas con cargas positivas y partículas con cargas negativas, es decir, entendemos en este caso el 0 no como extremo, sino como punto central de una simetría.

Si lo añadimos a la derecha de cualquier entero N (diferente de 0), el 0 vuelve el número mayor por un factor de diez. De esto hablaremos más tarde.

Si lo añadimos a la izquierda, no tiene ningún efecto, no sirve de nada, salvo quizá para dar importancia al número de matrícula de James Bond (007), para aumentar las ganancias de la banca en las ruletas americanas que contienen el «00», o para especificar el grado extremo de refinado de la harina.

Si bien es fácil manejar el número 0 en las sumas y en las restas, no lo es tanto en multiplicaciones y divisiones. Cada vez que el 0 aparece en una lista de factores, anula el resultado; incluso 0^N es igual a 0. Sin embargo, el factorial de 0 (el cual se indica con «0!») es igual a 1, a pesar de que la operación factorial sea una secuencia particular de factores; del mismo modo que es igual a 1 la operación N^0. Si bien la división $0/N$ es posible, siempre es igual a 0, mientras que $N/0$ no es posible, como si fuera una relación contra natura; por no hablar de $0/0$, que queda indeterminado, así como 0^0.

Muchos fueron los que se enfrentaron al problema de la división por 0, empezando por el matemático indio Brahmagupta, en el siglo VII de nuestra era; y más tarde Mahavira y Bhaskara, quienes en la segunda mitad del primer milenio lo afrontaron en un intento de dar sentido a la aritmética del 0. No lo logró Brahmagupta, el cual, después de haber definido de manera correcta sumas, restas y multiplicaciones, se quedó bloqueado con la división por 0, dejó sin resolver el problema de dividir un número cualquiera por 0, y sostuvo que $0/0$ debería ser igual a 0. Un par de siglos después de Brahmagupta, Mahavira retomó el problema de la división por 0 y sostuvo, en analogía a la resta, que un número dividido por 0 permanece inalterado. Pasaron otros tres siglos y fue Bhaskara quien volvió a plantearse la división por 0. Dándole vueltas al asunto, concluyó que $N/0$ es igual a infinito. Aunque, como veremos en breve, hubiese cierta lógica en este resultado, la operación era formalmente incorrecta. No se puede dividir un número por 0. Por tanto, el problema seguía ahí y generaba bastantes dificultades a los matemáticos. Mil años después de Brahmagupta, serán Newton y Leibniz, cada uno por su lado, los que lo resuelvan con el desarrollo del cálculo infinitesimal, diferencial e integral.

El cálculo infinitesimal, que permite estudiar cómo cambian las funciones, se revelará un instrumento formidable para el estudio y el desarrollo de la física, así como, de manera más general, para el análisis de muchos problemas científicos. Usa los infinitésimos, cantidades que, aun siendo diferentes del 0, se le acercan como ninguna otra. Después de Isaac Newton (1642-1727) y Gottfried Leibniz (1646-1716), $N/0$ continúa siendo un *faux pas*, pero queda claro cómo manejar N/x, cuando x tiende a 0. He aquí cómo, al domesticar el 0 con el cálculo infinitesimal, resultaba fácil calcular velocidades instantáneas y áreas, así como resolver las numerosas paradojas que se derivan de las sumas de términos infinitos o de las divisiones prohibidas.

Hoy en día, como resultado también de su cercanía al concepto de ausencia (en contraposición al de presencia, ya sea singular o múltiple, propia de los demás números), el 0 —la probabilidad de lo imposible— es, con diferencia, la cifra más utilizada en el mundo, junto con el 1. Como ya hemos dicho al hablar del 1, es la base de la digitalización binaria, no-sí (es decir, 0-1), con la que codificamos prácticamente toda la información (textos, música, imágenes, datos, *software*). En el mundo digital hay más de 10^{23} cifras, la mitad de las cuales son ceros. Ello es todo un logro para tratarse de un número que durante tanto tiempo fue ignorado, que más tarde fue relegado al papel de marcador y que después se miró con cierta desconfianza, antes de ganarse el rango de protagonismo excepcional, por encima de los demás números.

Menos uno

«—¡Uno menos! Qué puntería, ¿eh?

—Deberías decir uno más: has sumado otra muesca a tu Winchester.

—¡Bah!… Puntos de vista…».

Un espagueti wéstern

Menos uno (–1) es el padre fundador de los números negativos. Pero ¿cómo es que existe? ¿Qué representan los números negativos?

Podemos pensar en la existencia de un objeto y también podemos pensar en su no-existencia. En cuanto al significado de una existencia negativa, habría que darle unas vueltas, aunque desde hace algún tiempo ya tratemos los números negativos con familiaridad. Hacemos operaciones entre ellos y con números positivos, en el sentido de que combinamos números negativos por medio de varias operaciones. No nos sorprende que $5 + (-9)$ dé como resultado -4, y sabemos que $-3 \times (-2)$ es igual a 6. Sin embargo, todavía a finales del siglo XVIII, los números negativos estaban considerados por algunos como algo carente de sentido, innaturales, podríamos decir, ya que volvían «oscuras cosas que por naturaleza eran extremadamente obvias y sencillas», según afirmaba Francis Maseres (1731-1824), jurista y matemático inglés. Para William Frend, clérigo inglés que vivió a comienzos del siglo XIX, incluso deberían considerarse abortos, y las raíces imposibles (negativas), crímenes innaturales. Como veremos, esta inquietud se remonta a siglos atrás y muestra por parte del pensamiento de ascendencia aristotélica cierta resistencia al vacío, a lo que no es numerable de manera tangible.

—¡Qué frío hace hoy!
—Mucho. Está todo helado. Esta noche la temperatura debe de haber estado muy por debajo de 0.
—Sí, el termómetro que tengo en la terraza ha marcado –5 °C.

Esta podría ser tranquilamente una conversación, suponemos que invernal, entre gente corriente que usa con toda tranquilidad un número negativo. Sin embargo, una temperatura de –5 °C no nos transmite la verdadera esencia del número negativo. Podríamos decir que es un «falso» negativo: es el resultado de una convención, la que asigna etiquetas de cero grados al cambio de fase del agua cuando pasa del estado líquido al sólido, y de cien grados cuando alcanza su ebullición. Por supuesto, existen temperaturas mucho más allá de este intervalo, así que procedemos de este modo: la temperatura se expresa con valores por encima de cien, por un lado, y bajo cero (es decir, con valores negativos), por otro. Pero no hay nada negativo en la temperatura de –5 °C. Tanto es así que esta misma temperatura se indica también con la medida de +23 °F (grados Fahrenheit), o con el valor de 268,15 K (grados Kelvin, los absolutos). A lo anterior hay que añadir que la temperatura es una magnitud física que mide el estado de agitación molecular o atómica de una sustancia, y por consiguiente mide una forma de energía. En términos absolutos, una temperatura nunca puede ser negativa. Nos podemos agitar mucho o poco (temperaturas altas o bajas) y nos podemos calmar hasta quedarnos quietos (el 0 de la escala absoluta de Kelvin), pero no vamos a pasar de ahí.

De forma similar, podemos estar en una colina (a unos cientos de metros por encima del nivel del mar), en la playa, o en una depresión natural (como a orillas del mar Muerto, que se halla a −423 metros). De nuevo, la negatividad es relativa: es un valor negativo con respecto al nivel del mar, que se toma como medida y referencia de la superficie terrestre. Si midiéramos a partir del centro de la Tierra, incluso a orillas del mar Muerto estaríamos a una altura positiva, a mucho más de 6300 kilómetros.

Una vez aclarado que los números con el signo menos delante, cuando indican valores mensurables (ya que son físicamente existentes) solo son negativos por una convención, veamos cómo pudo surgir la idea de operar matemáticamente por debajo del 0 cuantitativo. Para concebir los números negativos puros era preciso poseer una mentalidad diferente que aceptara la equiparación de la no-existencia con la existencia, una mentalidad que, en la China del siglo v a. C., no solo era aceptable, sino que representaba un pilar del pensamiento basado en la dialéctica entre lo lleno y lo vacío, entre lo presente y lo ausente y, justamente, entre lo positivo y lo negativo. Hay testimonios de los números negativos desde el siglo III a. C., en los *Jiuzhang Suanshu*, los libros matemáticos que se usaban en las escuelas confucianas. «La evolución precoz en China de un álgebra con números negativos (*cheng fu shu*, u "operaciones positivas y negativas") —sostiene el matemático afroindio George Gheverghese Joseph (1928-)— se vio favorecida por el truco de usar los números-palillo: palillos rojos para representar los coeficientes positivos (*cheng*) y negros para los negativos (*fu*)».

No queda claro el uso propiamente algebraico de los números negativos en lo que nos ha llegado de la mano de Diofanto, matemático alejandrino que la tradición sitúa en el siglo III. Es bastante significativo que los números negativos aparezcan entonces, en el contexto de las escuelas neoplatónicas. Como hemos dicho antes, acabarán pareciendo sospechosos, o absurdos, incluso hasta más de diez siglos después.

En el Manuscrito de Bajshali, que es prácticamente contemporáneo a Diofanto, los números negativos aparecen, en cambio, en su perfección formal, utilizados en ecuaciones de primer grado. Las cifras para indicar un número negativo llevaban el signo + a la derecha, en lugar de a la izquierda. Puesto que en este texto aparece por primera vez el valor posicional de las cifras, también el signo para definir los números negativos respondía a esa lógica. Como ya hemos dicho con relación al Manuscrito de Bajshali, nace en un contexto mercantil donde el concepto de «cantidad negativa» —es decir, de deuda, de pasivo— resultaba muy claro para cualquiera, sin demasiadas implicaciones filosóficas. Y era perfectamente operable. En documentos indios posteriores (del s. VII) encontramos números negativos utilizados con soltura en las transacciones financieras, simbolizados con un punto encima del número. A nivel de manual, se enuncia la regla: «+ por + es igual a +; + por − es igual a −», que se enseñaba a los aprendices contables de Kerala, ¡mientras que en la Europa germanizada de aquellos siglos apenas contábamos con los dedos! No es casualidad que el número negativo vuelva a asomar en Occidente en el siglo XIII, por comodidad contable, en la buena compañía del 0, gracias al famoso Leonardo Pisano ya mencionado, pero cinco siglos más tarde. Fibonacci lo asociaba al concepto de suma adeudada, de carencia cuantitativa superior al capital (en el sentido de «fortuna») que realmente se posee: si tenemos 10 y queremos comprar algo que cuesta 12, llegamos a −2; si el coste es 15 llegamos a −5. La pérdida, la deuda, crece con la secuencia de los números naturales, pero marcados con un signo menos delante del número. Menos se indicaba con la letra eme (m). Habrá que esperar a 1591, a la publicación de *In Artem Analyticem Isagoge* (*Introducción al arte analítico*) del matemático francés François Viète (1540-1603), para encontrar el signo «−» como notación ya aceptada tanto para indicar una simple resta como para marcar los números negativos. Sin embargo, para nuestra historia es más importante recordar de forma somera en qué habían trabajado las matemáticas del mundo islámico sobre este tema a lo largo de la Edad Media. Los historiadores de las matemáticas suelen emplear la palabra «álgebra» incluso para referirse a periodos en los que esta no existía y reconocen en las perífrasis de los antiguos —chinos, babilonios, indios o griegos— el procedimiento algebraico. Cuando la palabra apareció en los textos de al-Juarismi, a principios del siglo IX, tenía significado propio, un significado que ayuda a entender su enfoque conceptual completamente novedoso con relación a los números negativos. *Al jabr* significaba «compensación» entre los dos miembros de la ecuación, es decir, la «restauración de un equilibrio» obtenido al sumar términos iguales en ambos miembros para eliminar las cantidades negativas.

¿Cuál es entonces el significado de −1? Todavía en 1803 se lo planteaba el matemático francés Lazare Carnot (1753-1823), al preguntarse por la realidad de los números negativos: «Para obtener una cantidad negativa es necesario restar una cantidad real al 0, que es como decir quitar algo de la nada (una operación imposible). ¿Cómo podemos entonces concebir una cantidad negativa?». Pero Carnot —padre del más celebre Nicolas Sadi— estaba razonando en términos de geometría y balística, ya que era un general de Napoleón, un hombre con los pies en la tierra.

Al igual que cuando se mata un cerdo no se tira nada, también en matemáticas vale el razonamiento de que todos los números pueden ser útiles en algún momento. Y los matemáticos se fueron dando cuenta de que también los números negativos tenían su uso y servían para resolver no solo los balances comerciales o la gestión entre débitos y créditos, sino también varios tipos de ecuaciones, como las cuadráticas y cúbicas, las mismas a las que al-Juarismi y posteriormente Omar Jayam (1048-1131) se habían enfrentado con brillantez siglos antes. Bastaba con no preocuparse demasiado por su significado y no detenerse en exceso en algunos casos particularmente incómodos, como la raíz cuadrada de −1. A menudo, los números negativos surgían como resultados intermedios en el proceso que llevaba a soluciones positivas y confirmaban que el cálculo tenía sentido.

Cuando, en 1572, se publicó el manual de álgebra de Rafael Bombelli (1526-1572), justo después de su muerte, dicha obra dio pie a un malentendido que —paradójicamente, podríamos decir— resultó por desgraciada afortunado. Al llamar a los números negativos *numeri surdi*, es decir, «absurdos», lo que quería decir era que son comprensibles a través de una demostración por reducción al absurdo, como enseñaba la escolástica. Sin embargo, durante todo el siglo XVII, grandes matemáticos los consideraron números descalificados. Así, eran ficticios para Descartes, e inaceptables para Pascal, quien, al asociar los números a cantidades medibles, negaba que hubiese números menores que 0. Para Leibniz los números negativos solo servían para los cálculos de los comerciantes…

Hoy en día sabemos que, en muchos casos, un resultado negativo puede ser una solución real y práctica de un problema; por ejemplo, interpretándolo en sentido direccional. Si +5 implica el avance de cinco unidades en determinada dirección, −5 indica la necesidad de avanzar en la dirección opuesta, ya se trate de una indicación de espacio, tiempo, velocidad, temperatura u otros. La relación entre los números negativos y un hipotético eje geométrico direccional fue sugerida por el matemático John Wallis (1616-1703) a finales del siglo XVII. El mismo Wallis, quien hizo importantes contribuciones a la trigonometría, al análisis de series infinitas y al cálculo infinitesimal, consideraba absurdos los números negativos, entendidos como representación de algo que era «menos que nada»; pero volvía a hallar paz si los colocaba en el orden correcto, de menos a más (pasando por 0) en un eje geométrico.

A comienzos del siglo XIX, Maseres rechazaba las raíces negativas de las ecuaciones. Al enfrentarse a una ecuación como $x^2 + 2x = 15$ (que tiene dos soluciones: $x = 3$, y $x = -5$), objetaba que, en realidad, se trataba de dos ecuaciones: $x^2 + 2x = 15$, y $x^2 - 2x = 15$, cada una de las cuales tenía una solución ($x = 3$, y $x = 5$, respectivamente). Por consiguiente, sostenía que, si se hubieran eliminado las raíces negativas del álgebra, esta habría podido ser una ciencia sencilla, clara y demostrable, al igual que lo era la geometría. Por fortuna, las raíces negativas no fueron eliminadas, y no solo fueron ampliamente legitimadas en el siglo XX, sino que incluso condujeron a descubrimientos fundamentales. Por ejemplo, a finales de los años veinte del siglo pasado, Paul Dirac (1902-1984), físico teórico inglés, desarrolló una ecuación general para el electrón, capaz de explicar su comportamiento a cada velocidad, hasta la velocidad de la luz, es decir, en circunstancias de relatividad especial. La ecuación de Dirac era capaz de dar una explicación natural a las características del electrón, como el espín, pero presentaba también un aspecto sorprendente y problemático, precisamente a causa de sus soluciones matemáticas. A cada solución en la que el electrón tenía una energía positiva se asociaba también una solución negativa. La ecuación preveía la existencia de un antielectrón, una partícula con números cuánticos invertidos respecto al electrón. Hicieron falta unos cuantos años para que esta solución imposible de la ecuación de Dirac fuera aceptada por la comunidad científica y para que Dirac postulara la existencia real del antielectrón, la primera partícula de antimateria. El positrón —así se llamó al antielectrón— fue descubierto experimentalmente en 1932 por Carl D. Anderson (1905-1991) en la cámara de niebla con la que estudiaba las interacciones de los rayos cósmicos con la materia. Tanto Dirac (en 1933) como Anderson (en 1936) fueron condecorados con el Premio Nobel de Física.

Con ello, por fin triunfaron los números negativos, números nacidos lejos y que tardaron siglos en ser entendidos y utilizados en toda su formidable absurdidad. «En realidad, solo cuando se adoptó una teoría axiomática de los números fue cuando los negativos cobraron verdadero sentido», afirma (de manera un poco categórica…) Keith Devlin (1947-), matemático y divulgador contemporáneo de la materia. También el resultado de la identidad de Euler, que combina tres números extremadamente peculiares —π, e e i (la unidad imaginaria)—, es −1. De hecho, $e^{i\pi} = -1$. Por tanto, −1 puede ser visto como una síntesis de sabiduría: es el resultado de una oportuna pero sencilla combinación de algunas de las entidades matemáticas más importantes: la igualdad, la multiplicación y la potencia de los tres números más famosos de las matemáticas. Quizá la larga resistencia a aceptar estos números en el pensamiento occidental resida en el desconcierto que generan. Si los números innumerables provocan vértigo, el número negativo provoca una especie de horror, el horror de la conciencia de que la cantidad de días que nos queda por vivir termina, por progresión negativa, en una cuenta atrás: $x=-1$, y luego -2, y así hasta que x es igual a $-x$. Hasta ese 0 más allá del cual no hay realmente nada. Es una suerte que x sea una incógnita…

Raíz de dos

«No es digno de llamarse hombre aquel que no sabe que la diagonal de un cuadrado es inconmensurable con su lado».
PLATÓN (circa 428-348 a. C.)

Ya en otra ocasión hablamos de cómo nuestros antepasados más remotos trataron de que percibiéramos el espacio a «escala humana».[10] De las pocas certezas que tenían, quizá la más fascinante fuera la posición del mayor astro de referencia: el Sol. Los pueblos del Creciente Fértil y, más en general, del hemisferio boreal fueron los primeros en constatar que el movimiento aparente del Sol garantizaba encontrárselo de frente al amanecer, a la derecha en su apogeo, y a espaldas al atardecer. Pensándolo un poco, el Sol también debía de estar a la izquierda del observador cuando se ocultaba. La morfología del hombre erguido, con los brazos abiertos y la mirada fija a la espera del astro benéfico, daba la posibilidad de pensar en cuatro direcciones, las que después serán los puntos cardinales. Al tratar de representar esas posiciones (que

---

[10] Tommaso Maccacaro y Claudio Maria Tartari, *Storia del dove. Alla ricerca dei confini del mondo*, Bollati Boringhieri, Turín, 2017. [*Historia del dónde. En busca de los confines del mundo*, traducción de Mercedes Corral, Siruela, Madrid, 2019].

decenas de miles de años más tarde sabremos que se ubican en perspectiva en una circunferencia), aún moduladas por el ciclo de las estaciones, el hombre que disponía de una superficie plana trazó, con bastante probabilidad, el primer cuadrado uniendo con unos trazos los cuatro puntos cardinales.

Nunca sabremos si lo hizo con un palo en la tierra, con una piedra en otra piedra o con un pigmento en un trozo de piel. En cualquier caso, aquel hombre paradigmático (seguramente un montón de hombres y mujeres, con herramientas diferentes, en lugares y tiempos alejados entre sí…) que estaba transfiriendo conceptualmente los cuatro puntos celestes a una superficie plana, trazando un cuadrado, estaba inventando la geometría. Pero esta palabra es anacrónica y engañosa: no había intención alguna de medir ni las distancias celestes ni las terrestres. El cuadrado, con sus dos ejes diagonales que cruzan al observador en el centro, no era más que una representación abstracta y, quizá, simbólica. Lo cierto es que, en la naturaleza, ninguno de los objetos concretos que los antiguos podían observar y manipular presenta una forma cuadrada. Circular, sí: los astros cercanos, o tal vez la sección de un tronco de árbol. Pero no cuadrada. Ni siquiera si hubieran tenido herramientas para hacer un estudio físico del macrocosmos (o del microcosmos), habrían encontrado el cuadrado. El cuadrado y su mitad o su cuarto (el triángulo rectángulo isósceles) son figuras totalmente abstractas y que podían considerarse igual de inútiles y de inaplicables a las necesidades primarias del hombre (una decoración, un símbolo). Símbolos debían de ser los grafitis con los que las matriarcas del Paleolítico indicaban el pubis femenino; símbolos serían a su vez los que, quizá, el chamán introducía en sus gestos cuando quería conectar el mundo real con el irreal... Y veremos que el resultado matemático será justo algo, un número, que se sitúa en los márgenes entre lo real y lo irreal.

¿Cuándo apareció entonces la idea de utilizar instrumentalmente el cuadrado y el triángulo —y, por ende, de medir con ellos—? La paleontología y la etnografía nos enseñan que las primitivas viviendas humanas artificiales no conocían estas formas. Se trataba más bien de conos de ramajes o pieles sujetos o atados a un palo central, como algunas cabañas de los bosquimanos, o de cilindros cubiertos por una cúpula, como las yurtas de las estepas asiáticas. En ambos casos, se trataba de las mejores soluciones para pueblos nómadas o, por lo menos, en frecuente movimiento. Pero incluso las construcciones en piedra más arcaicas presentan una planta circular; y, sin embargo, se ha observado que dichos asentamientos (que en el Mediterráneo se remontan a hace unos diez mil años) se encuentran dispersos, aislados, y, cuando presentan una aglomeración, esta es escasa e irregular.

La arqueología nos permite dejar de lado las conjeturas y nos proporciona datos que nos acercan a la respuesta: el cuadrado y el triángulo hacen su aparición certera y conceptualmente consciente durante la revolución agrícola del Neolítico, alrededor del VIII milenio a. C., en la Anatolia central, y más tarde cerca de las grandes cuencas fluviales. En resumidas cuentas, se trataba de modificar la morfología del terreno por medio de ajustes del curso de las aguas, con un diseño ortogonal del que derivó el trazado de los asentamientos de las poblaciones de agricultores que se convirtieron en sedentarias. Lo que llamaremos ángulo recto (el ángulo de 90°, que es el protagonista oculto de este capítulo) entra entonces en escena por su practicidad aplicada a un proyecto geométrico. Ahora bien, comerse el coco sobre la relación que hay entre la medida (del lado) de un cuadrado y su diagonal se convertía en un trabajo de investigación en el que las incipientes matemáticas tendrían algo que decir.

Pasaron miles de años, se fundaron y cayeron ciudades ortogonales en Palestina, en el valle del Indo, en Mesopotamia, siempre como consecuencia de técnicas de control de la erosión hídrica y del cultivo de las tierras. No hay restos documentados de las formalizaciones matemáticas ni de los cálculos —por muy aproximativos y empíricos que fuesen— que tuvieron que llevar a cabo estas complejas obras urbanísticas. El material de escritura debió de ser perecedero, hasta que el recurso del trozo de cerámica marcada y cocida que usaron los sumerios nos muestra que el cálculo de la diagonal del cuadrado se conocía ya en torno al año 1800 a. C. (existen fragmentos, por ejemplo, en Berlín, París, Estambul y Yale). Está claro que no se trataba de un invento del momento, sino del resultado de medidas de dibujos que habían tardado siglos y siglos en encontrar una formalización matemática. Entre otras cosas, porque el resultado matemático de un segmento real, tan claro a la vista, trazable en el suelo, es decir, racional, daba un número no definido, esto es, irracional (la raíz cuadrada de dos: $\sqrt{2}$).

Con el método fraccionario, los babilonios se habían percatado de que estas figuras artificiales —el cuadrado y su mitad cortada por la diagonal— presentaban elementos inconmensurables entre sí. Se limitaron a seis cifras decimales, probablemente porque utilizar más solo sería un ejercicio especulativo, inútil para cualquier aplicación geométrica. Gracias a Dios que no sabían que había dos raíces cuadradas de 2 diferentes; la segunda —la de signo negativo— seguramente los habría confundido aún más.

Mil años después, matemáticos griegos e indios, sin saber los unos de los otros y por caminos totalmente independientes, volvieron a enfrentarse a este cálculo. Cabe suponer que durante ese lapso de tiempo lo intentaran también otros, pero, de ser así, no tenemos noticia de ello.

Pues bien, es alrededor del siglo VIII a. C. cuando en la India se redactan las copias que han llegado hasta nosotros de los *Sulbasutra*, libros rituales fruto de un pensamiento mucho más antiguo. Dichos libros respondían a las necesidades del culto. Entre otras muchas cosas, recomendaban altares cuadrados o compuestos por la yuxtaposición de cuadrados y mitades de cuadrados, es decir, triángulos rectángulos isósceles. En sánscrito, *Sulbasutra* significa «libros de las cuerdas», lo que indica que el proyecto gráfico que habría permitido la construcción material de los altares se realizó inicialmente mediante el uso de cuerdas. Pero la sacralidad del artefacto exigía máxima precisión. El cálculo de la raíz cuadrada de 2 se detenía aún en el sexto decimal, aunque con mejor aproximación. El matemático bangladesí Bibhutibhushan Datta (1888-1958) logró dar, ya en 1932, una explicación matemático-filológica sobre la manera concreta del razonamiento expuesto en los antiguos textos védicos, manera que se describió como «principio de la complementariedad exterior-interior» y que fue retomado en 2004 por Onorato Timothy O'Meara (1928-2018) y sus compañeros para hacer una demostración gráfica de la irracionalidad de $\sqrt{2}$.

Según Gheverghese Joseph —quien narra y explica esta historia—, el valor de $\sqrt{2}$ «plantea el interrogante de si el procedimiento de los *Sulbasutra* podría derivar del babilonio». En cualquier caso, no podemos dar una respuesta. «Pero —concluye Gheverghese Joseph— el método demostrativo [de los *Sulbasutra*] no requería un álgebra simbólica muy desarrollada, ni tampoco un proceso de conclusión deductivo como el griego».

Y llegamos así a los griegos o, mejor dicho, a la escuela pitagórica, la que hasta hace pocas décadas se consideraba la primera en identificar $\sqrt{2}$ como el primer número irracional, el padre de una familia entera —infinita— de números que se caracterizan por poseer un número infinito de cifras. Si $\sqrt{2}$ fue el primer número irracional conocido por el hombre, el segundo fue, con toda probabilidad, π, el cual está considerado por muchos como el número por antonomasia. Los dos, en cierto sentido, son similares, el primero por la relación entre el perímetro (el lado) y la diagonal de un cuadrado, y el segundo, por la relación entre la circunferencia y el diámetro de un círculo.

En las colonias griegas de Crotona y Metaponto, en el siglo VI a. C., florecía un sistema de pensamiento matemático integrador que sostenía que cada realidad física se puede interpretar, a través de las relaciones inconmensurables, con los números. A su legendario fundador, Pitágoras (exiliado de Samos, pero, atención, de origen fenicio, es decir, babilonio de la costa), se le atribuye el celebérrimo teorema. Su mejor discípulo, Hípaso de Metaponto (ss. VI-V a. C.), intentó más tarde calcular la diagonal de un cuadrado. Al dar el valor de 1 a los lados del cuadrado, el valor de la diagonal resultaba por fuerza $\sqrt{2}$, una solución incompatible con el dogma pitagórico de la conmensurabilidad. Después de Hípaso, las dimensiones geométricas (y por extensión físicas) y las cantidades numéricas tienen que tratarse con herramientas diferentes, ya que si no se obtendrían resultados numéricamente no manejables. Cuenta la leyenda que a Hípaso lo lanzaron al mar sus compañeros por haber revelado la excepción al dogma. De manera simbólica, era mejor deshacerse de aquel número imposible, no tanto porque fuera inútil para la *téchne*, ¡sino porque con él no se puede trabajar matemáticamente!

Demos un salto de 2500 años en esta historia: para que nos hagamos una idea empírica, basta con mirar la página web de la NASA,[11] donde está disponible un millón de cifras decimales de $\sqrt{2}$. Una vez confirmada la irracionalidad de este número (lo cual se podría describir como una especie de rendición), matemáticos de todos los tiempos

---

[11] <https://apod.nasa.gov/htmltest/gifcity/sqrt2.1mil>.

se han divertido con $\sqrt{2}$ (así como con otros números irracionales tan conocidos como π o e), pero lo único que han conseguido es corroborar lo que ya se sabía y hallar aproximaciones sucesivas de los decimales cada vez más extensas, más allá de las necesidades de un uso práctico. Son muchas y variadas las demostraciones obtenidas de la irracionalidad de $\sqrt{2}$ (analíticas, geométricas, *ad absurdum*, etc.). Hoy día, se le conocen diez billones de cifras decimales, que, por lo demás, solo sirven para determinar su sucesión aleatoria, o para garantizar una mención (temporal) en el *Libro Guinness de los récords*.

El formato de los folios que comúnmente se usan en Europa, que sigue la norma ISO 216, se basa en $\sqrt{2}$, reducido a sus primeras cifras decimales para redondear. Este formato posee la propiedad de que guarda una proporción entre el lado más largo y el lado más corto que se mantiene invariable sin cambiar al dividir el folio por la mitad por su lado más largo. De este modo, pasamos del formato A0 (1 m² = 841 mm × 1189 mm) al A1, al A2 y así sucesivamente hasta el A10 (el formato A4 es el que más se usa en las impresoras de los ordenadores y en las fotocopiadoras). Para que esto sea posible, la relación entre el largo de los lados del folio b/a tiene que ser igual a $\sqrt{2}$. De hecho, tiene que ser $b/a = a/(b/2)$, de lo que se deduce que $b/a = \sqrt{2}$.

Con el tiempo, $\sqrt{2}$ ha encontrado su aplicación matemática razonada precisamente en aquellas construcciones arquitectónicas que a nuestros ojos parecen más alejadas de la forma cuadrada. Partiendo de las descripciones bíblicas de las ventanas del Templo de Salomón, Juan Caramuel Lobkowitz (1606-1682) publicó en Vigevano, en 1679, un poderoso tratado de arquitectura que reflejaba mucho más que la mera sistematización de una vida de estudios. El título breve del ensayo es *Architectura civil recta y obliqua*, lo cual ya es suficiente para entender que en él se pretende analizar las aplicaciones de las virtudes del cuadrado a formas tridimensionales curvilíneas, percibidas por nuestro ojo como ondas, elipses y espirales. El efecto óptico hace que percibamos en perspectiva una fuga de cubos (por ejemplo, en las columnitas de la balaustrada de una escalera helicoidal) que no son cubos. Invirtiendo el procedimiento, en el siglo XX, el imaginativo arquitecto Antoni Gaudí (1852-1926) consiguió dar al observador de la columnata del parque Güell el efecto de «una impresión sinuosa e inclinada atribuida al genio arquitectónico, excluyendo cualquier forma de racionalidad. Pero esta percepción es totalmente falsa. La estabilidad del conjunto viene asegurada por la perfecta geometría ajedrezada [donde] los centros superiores de las columnas [se encuentran colocados] en un entramado de cuadrados».[12] Los dibujos de los proyectos de la columnata de Gaudí ilustran muy bien cómo los arcos de las curvas fueron calculados sobre las diagonales de cuadrados cada vez más pequeños, calculados obvia y conscientemente por aproximación (ese es el regusto amargo que deja esta raíz a quien la prueba).

---

[12] Claudi Alsina, *La setta dei numeri. Il teorema di Pitagora*, RBA Italia, Milán, 2016. [*La secta de los números. El teorema de Pitágoras*, RBA Libros, Barcelona, 2010].

Un número cómodo

«Las gallinas ponen huevos por docenas
porque es más cómodo para la profe».
Tomado de una redacción
de 3.º de primaria

Al leer mitografías de todas las épocas y lugares, uno podría pensar que el cerebro humano realmente necesita fantasear, a menudo por puro placer. Sin embargo, la imaginación de los matemáticos (y de los físicos teóricos) supera la de los autores de cuentos de hadas. En lo que respecta a clasificaciones numéricas, los matemáticos han definido los números naturales, reales, racionales, irracionales, pero también los imaginarios, complejos, transfinitos... Incluso se han vuelto locos con sus propiedades. Como mencionamos anteriormente, hay números llamados totientes, idóneos, sublimes, prácticos, oblongos, abundantes, sexis y mucho más.

Llegados a este punto de nuestra narración, que mira de reojo ciertos números emblemáticos y se pregunta tanto por su origen como por su utilidad, incluso por su necesidad, vamos a tomarnos un descanso. Aprovechemos para hablar de un número facilísimo y tan común que los matemáticos lo tratan más bien poco, fascinados como están por sofisticaciones y dificultades que, por desgracia, pocos entienden.

Con todos ustedes, el 12, un número cómodo. Empezamos a conocerlo con las cancioncillas infantiles, incluso antes del colegio; y después nos lo encontramos en las tablas de multiplicar, y no le prestamos demasiada atención, aunque en las mejores tablas pitagóricas —que suelen aparecer impresas en la última página de los cuadernos de matemáticas— ocupe la última fila y columna. El 12 no es un número que se vea claramente reflejado en la morfología humana, como, en cambio, sí ocurre con el 1 (el cuerpo o la cabeza), el 2 (la bilateralidad), el 3 (los ejes de la percepción del espacio a nuestro alrededor: arriba-abajo, delante-detrás, derecha-izquierda), el 4 (las extremidades) y, por último, el 5 (los dedos de cada mano y cada pie, con sus múltiplos 10 y 20). Algunos sostienen que la naturaleza del 12 deriva del recuento de las articulaciones (falange, falangina y falangeta) de los cuatro dedos que podemos tocar con la punta del pulgar de la misma mano. Nos parece una hipótesis atrevida, una explicación *a posteriori*, de la que, por otra parte, no hay rastro convincente.

El número 12 es cómodo porque incluye entre sus divisores el 2, el 3, el 4 y el 6, y deriva de operar con ellos. Además, si lo multiplicamos por el número anatómico 5, nos da 60. Si bien es cierto que 10 es un número bonito, que nos es familiar por su origen anatómico —tenemos diez dedos—, a veces, para algunas cuentas, es igual de cómodo, si no más, trabajar con el 12, o incluso con el 60 (por ejemplo, cuando nos enfrentamos a cálculos horarios). Esto es lo que hicieron los antiguos pueblos de Mesopotamia al buscar el número operable más cómodo para la observación del ciclo solar. Resultó aritméticamente útil aproximar el año solar a trescientos sesenta días, distribuyéndolo en doce casillas de treinta días cada una. Todo —como muestran las tablillas babilónicas del siglo XVIII a. C.— representado en un círculo con trescientos sesenta rayos, a los que más tarde llamaremos los grados del ángulo completo. Una vez definido el año de doce meses, resulta cómodo e inmediato utilizar sus semestres, trimestres y cuatrimestres.

Doce son las horas del día y doce las horas de la noche (de media), si ignoramos el amanecer y el atardecer. Esta aproximación es más rigurosa cuanto más nos alejamos geográficamente de los polos y cuanto más nos acercamos, desde el punto de vista temporal, a los equinoccios. Dos por doce (es decir, veinticuatro) son las horas de la ascensión recta, cada una de ellas, dividida en sesenta minutos, y cada minuto, en sesenta segundos. Combinada con la declinación (grados sexagesimales entre −90 y +90), la ascensión recta define el sistema de coordenadas más común empleado para localizar un objeto en la bóveda celeste. ¿Dónde está la galaxia de Andrómeda? A 0^h 42^m 44^s; +41° 16′ 9″; ¿y el centro de nuestra galaxia? A 17^h 45^m 40^s; −29° 00′ 28″.

Que el 12 era apto para la bóveda celeste y útil para marcar el ciclo solar lo descubrieron otros pueblos que parece improbable que infirieran el número de los mesopotámicos. De hecho, lo encontramos en las construcciones megalíticas de Europa del norte, al igual que en las tablillas de bronce de Cabras, Cerdeña, fechables en el siglo XIII a. C., de las que sí podemos hipotetizar un contacto remoto con navegantes protofenicios. La suerte simbólica de los doce pilares que sostienen el sol se expande desde Oriente Próximo, y su éxito será duradero. El mito fundacional del pueblo de Israel dice que las estirpes engendradas por Jacob fueron doce y por eso el nuevo mito refundacional dirá que doce fueron los apóstoles del Mesías. Como consecuencia, la Edad Media cristiana estableció que los colegios, consejos y concilios de las distintas autoridades estuvieran compuestos por doce miembros (doce cardenales acompañan al papa; doce ministros, al soberano, etc.). No obstante, esta norma se compagina también con mitos y costumbres distintos de los de la Biblia. Así, el consejo olímpico estaba constituido por doce divinidades; doce eran las tablas más antiguas del derecho romano, y doce los Fratres Arvales de la religión latina arcaica. Más al norte, los consejos de los druidas y los caballeros de la Tabla Redonda fueron siempre doce. Dado que muchos ilustres señores se reunían en grupos de doce, se convirtió en una costumbre adecuada preparar los servicios de mesa por docenas. Y por docenas se regalaban rosas a una señora.

A necesidades más prácticas y menos simbólicas responden otros usos cuantitativos del número 12. Hasta 1971, en el Reino Unido doce *pence* («peniques») hacían un chelín y, aún hoy en día, un pie está compuesto por doce pulgadas. La música occidental se basa en una escala cromática de doce notas (las siete notas conocidas más cinco diesis o bemoles) que forman una octava. La libra romana, unidad de peso puesta sobre la balanza (*libra* en latín), se subdividía en doce onzas. Cuando Carlomagno reformó la acuñación, le pareció apropiado que las monedas pequeñas fueran los dineros o denarios, y que cada doce equivalieran a un sueldo. Por esta razón, en Italia se sigue usando la expresión *mezza soldata* de huevos, para referirse a media docena. Está claro que, al tratarse de unidades de medidas convencionales, en el caso de la música, la escala de doce sonidos naturales se compone de infinitas fracciones más o menos perceptibles por el oído humano, como bien sabe cualquier violinista. También resultó posible fragmentar el pequeño sueldo en épocas de escasez de moneda circulante. Con los huevos era mucho más difícil, pero las instituciones benéficas de la Edad Media encontraron una solución: dar medio huevo a cada pobre que hubiera que alimentar. Bastaba con cocerlo antes.

Hemos citado, un poco al azar, la presencia del 12 en distintos ámbitos. Ahora hay que subrayar cómo en los siglos fundacionales del pensamiento occidental (del siglo XIV al XVI) dicho número se volvió paradigmático, por lo menos, en dos disciplinas nobles de las artes del cuadrivio: la música y la geometría, disciplinas que, además, tenían mayores aplicaciones prácticas que las otras dos, la aritmética y la astronomía, donde el 12 señoreaba desde hacía tiempo por sus implicaciones simbólicas. Así pues, eran disciplinas nobles, pero no reacias a beneficiarse de la practicidad que el 12 había demostrado en la innoble contabilidad mercantil. En música, el sistema fraccionario duodecimal se conocía desde la época de la escuela pitagórica, pero solamente con el *ars nova,* a principios del siglo XIV, encuentra una configuración y una formalización imprescindible para este arte hasta el siglo XX. Marchetto de Padua (ss. XIII-XIV), el músico en el que pensaba Dante cuando imaginaba la música celestial, introdujo el becuadro (diesis). Además, en sus tratados, planteó el «tempus perfectum secundum divisionem duodenariam». El valor mínimo de un sonido ejecutable es la semibreve mínima, un doceavo del entero. Visto que los textos actuales atribuyen a los franceses la novedad presente en los ritmos vertiginosos del *ars nova,* lean, sin ánimo de acritud, esta esclarecedora observación de la musicóloga americana de origen alemán Anna Maria Busse Berger: «[En el *ars nova* italiana] se evidencia una obsesión casi excéntrica al describir proporciones rítmicas carentes de aplicación en música. Este apasionado interés puede remontarse a la aritmética comercial, en particular, a la "regla de tres" que dominaba los planes de estudios en las escuelas de ábaco».[13] La escala de doce teclas es la que permite el mayor número de acordes armónicos, como ya habían percibido de oído los antiguos. Vincenzo Galilei se enfrentó a la división de la octava en doce semitonos iguales, calculando la mínima relación de frecuencia posible: siendo *x* la relación de frecuencia que deben mantener dos

[13] Anna Maria Busse Berger, «Suoni, forme, parole», en *La Matematica.* Vol. 3: *Suoni, forme, parole.* A cargo de C. Bartocci y P. Odifreddi, Einaudi, Turín, 2011.

semitonos consecutivos, de manera que los doce intervalos de x den una octava, se consiguió algebraicamente el valor de 1,05946…, que es la raíz duodécima de 2. Una vez más, para gran pesar de los pitagóricos, un número irracional. En cualquier caso, fue un paso significativo en el método y en el respeto que merece el 12. Los teóricos de generaciones anteriores, para disipar toda contaminación de posibles cálculos comerciales propios de tendero, insistían en la «ritmicidad celestial» de las fracciones y de los múltiplos de 12: doce son las casas celestiales, doce las horas, etc.

A finales del siglo XV, aun sin renunciar a la simbología divina del 12, el interés «casi obsesivo» (en palabras de A. M. Busse Berger) por las proporciones rítmicas hizo mella tanto en el músico Franchino Gaffurio (1451-1522) como en su amigo Luca Pacioli (1445-1517), geómetra, con los resultados de los que hablaremos más tarde. Siempre en el campo de la música, el 12 será protagonista de la gran revolución del siglo XX: el dodecafonismo. Alban Berg (1885-1935) y los demás fundadores de la música atonal (los doce sonidos de la escala cromática temperada tienen el mismo valor jerárquico) emplearán a menudo el lenguaje geométrico: «En la representación basada en la subdivisión de la octava en doce semitonos iguales, la simetría adopta un aspecto circular: cada sonido tiene su simétrico respecto a un diámetro de dos notas a una distancia de seis semitonos», o incluso un lenguaje topológico, en sintonía con lo que la física de las primeras décadas del siglo XX estaba experimentando. Cambiaba el paradigma. Y así Arnold Schönberg (1874-1951) declaraba:

«[En la música dodecafónica] ¡no hay en absoluto arriba y abajo, derecha o izquierda, delante o detrás!».[14]

En 1925, Fritz H. Klein (1892-1977) se tomó la molestia de calcular todos (¿?) los posibles tipos de acordes que se pueden obtener con el cálculo combinatorio de doce sonidos, trabajando por segmentos. El resultado formal se apoyó en la teoría de los conjuntos; dicho resultado fue estadístico: ¿cuántas combinaciones de los doce sonidos se obtienen si...? ¿Y el resultado musical destinado a nuestro oído? Desde luego, como para añorar las *Variaciones Goldberg* de un Bach no menos matemático, ¡pero plenamente consciente de que la música se escucha con los oídos! En el siglo XV, el triunfo geométrico del 12, como hemos dicho antes, se debe a Luca Pacioli. Partiendo del dodecaedro, ese sólido tan querido por los pitagóricos, aplicó la divina proporción (la proporción áurea) a sólidos cada vez más complejos, como el icosaedro, doble del dodecaedro. Y así sucesivamente con estrellas puntiagudas y gemas multifacetadas, de difícil pero no imposible construcción, que Leonardo da Vinci había dibujado y muchos otros habían introducido en sus pinturas, en homenaje a la geometría sagrada.

Sin embargo, si el 12 es un número tan práctico, ¿cómo es que al aplicarlo a los sólidos —a la arquitectura— da

---

[14] Massimiliano Locanto, «Composizione musicale e pensiero matematico. Un percorso dal primo Novecento alla serialità integrale», en *La Matematica*. Vol. 3, *op. cit.*

resultados inutilizables? El dodecaedro fue definido por Platón como la forma sólida «más ideal», es decir, la más afín al Hyperuranion. Cuenta Platón que el divino demiurgo se entretuvo con el 12 y concibió un sólido con otras tantas caras pentagonales. Los triángulos en los que podemos descomponer cada pentágono tienen lados inconmensurables con el del pentágono mismo. Por tanto, la imposibilidad de construir una arquitectura del dodecaedro (arte mecánica) les había parecido algo sublime a los matemáticos aplicados, tales como Piero della Francesca (1412-1492), Pacioli y Gaffurio. Sin embargo, no olvidemos que el neoplatónico Pacioli, geómetra visionario, había practicado con el 12 en sus utilísimos estudios sobre la partida doble. Y estamos hablando de dinero en efectivo, ¡no de coros angelicales!

Con doce nucleones (seis protones y seis neutrones) se forma un núcleo de carbono, que se convierte en átomo al añadirle seis electrones. El ^{12}C es una maravilla de la naturaleza por sus características y su versatilidad. Se produce en las estrellas por la fusión de tres núcleos de helio, cada uno de ellos compuesto por cuatro nucleones: dos protones y dos neutrones. El diamante y el grafito son los dos estados alotrópicos más comunes del carbono, que abunda en nuestro planeta; el grafeno y los nanotubos de carbono son los últimos avances tecnológicos para los cuales todavía no hemos encontrado un uso claro. Gracias al carbono, el 12 puede considerarse uno de los números fundamentales de la vida, por lo menos, de la que se ha desarrollado en la

Tierra y que tan bien conocemos. El ^{12}C es el más versátil de los elementos químicos y la base de la química orgánica. Con sus átomos se puede formar la estructura base de tal variedad de moléculas orgánicas que su número supera con creces el de todos los compuestos formados por los demás elementos (compuestos inorgánicos) juntos. El carbono puede unirse en largas cadenas (polímeros) con más carbono y con hidrógeno, oxígeno y nitrógeno gracias a sus cuatro electrones de valencia para producir azúcares, alcoholes, lípidos, proteínas, aminoácidos, etc., elementos fundamentales para el desarrollo de la vida.

¡Así que también al demiurgo le resultó cómodo el 12!

Dos números incómodos

«Ningún martes y 13 asustará nunca tanto como un lunes».

ANÓNIMO

Si bien ha resultado fácil argumentar que el número 12 es un número intrínsecamente cómodo, más difícil va a ser sostener la incomodidad del 13 y del 17, cuya única culpa es la de ser impares, primos y con múltiplos difíciles de memorizar, al contrario —por ejemplo— del 11, que también es impar y primo, pero con una simpática y melodiosa tabla de multiplicar.

El 13 y el 17 son también números primos sexis. Además, son los elementos centrales de dos triadas de números sexis: 7-13-19 y 11-17-23. El 17 es, incluso, el elemento central del único quinteto existente de números primos sexis: 5-11-17-23-29. Definirlos como sexis no es una elección personal, sino que así lo decidieron los matemáticos. Dos números primos se consideran sexis si están separados por *sex* unidades, siendo *sex* (de ahí «sexi») el adjetivo numeral latino «seis», y no el sustantivo inglés «sexo», como probablemente haya hipotetizado algún malpensado. Lo que tienen en común de manera por completo arbitraria estos dos números en cuestión es la mala fama que los precede, una historia que poco tiene que ver con el noble arte de las matemáticas, sino que hunde sus raíces en los pantanos del pensamiento débil (mitos, religiones, supersticiones, etc.), pensamiento débil que no deja de ser producto del pensamiento humano y, por tanto, sujeto a cambios tanto en el tiempo histórico como en el espacio geográfico.

La suerte del número 13 comienza —al igual que para otras entidades matemáticas— con la observación celeste llevada a cabo en Mesopotamia a partir del III milenio a. C., y con el continuo intento de traducir en funciones aritméticas lo que ocurría en el mundo experiencial. Pues bien, si el año solar era más o menos de trescientos sesenta días, medirlo en meses lunares de veintiocho días resultaba todavía más aproximativo. Los sumerios estaban más preocupados por conciliar dos divinidades celestes inconciliables (qué casualidad que simbólicamente eran un macho y una hembra…) que por entender que los movimientos de los dos astros más brillantes del cielo eran incongruentes entre sí. En todo caso, un año solar acababa teniendo (un poco apretujados) trece meses lunares. Esta aproximación bastaba para organizarse y entenderse en la minúscula fracción de tiempo que supone la vida humana. Vamos, que este 13 era un poco incómodo, pero funcionaba y había que quedárselo. Cayeron los imperios mesopotámicos, pero su herencia astrológica pasó sin demasiado disimulo a la religión mosaica y a las que de ella derivaron, el cristianismo y el islam. Y aquí, en los cómputos litúrgicos, el número 13 se llevaba una serie de valencias simbólicas que eran, cuando menos, ambiguas. La Pascua mosaica conmemora el día de la liberación de Egipto del pueblo judío, el decimocuarto día del mes de nisán. Es decir, el día siguiente a la noche del 13, ¡la noche en la que el ángel exterminador pasó (*pésaj*, «paso»; de ahí «Pascua») para asesinar a todo varón primogénito! (Éxodo 11, 4 y sigs.). Por tanto, si lo que la fiesta celebra es la huida de Egipto, esta viene precedida por el día de la masacre: el 13. Nefasto fue también el número 13 para las civilizaciones helénicas arcaicas (II milenio a. C.). Como señaló Robert Graves (1895-1985), el asesinato de Agamenón a manos de Clitemnestra y Egisto tuvo lugar el día 13 del primer mes. Aquella era la fecha en la que se celebraba el antiguo ritual del sacrificio del rey por parte de la consorte.

Siglos y siglos más tarde, como buenos judíos practicantes que eran, Jesús y sus amigos celebraron la Pascua. Según cuentan los Evangelios (Juan 13, 31), no fue una cena muy alegre, que se diga. Eran trece a la mesa, y el ambiente solo se calmó cuando el supuesto traidor abandonó la mesa y volvieron a ser doce. ¡Por favor, un poco de educación!

Más tarde, fue precisamente el nuevo cálculo de la Pascua cristiana el que garantizó una significativa continuidad simbólica al número 13. Los cristianos de las Iglesias primitivas de Oriente seguían defendiendo la fecha fija de la Pascua el día siguiente al 13 del primer mes de primavera. Los llamaron «cuartodecimanos». El 14 y el 12 eran números faustos que rodeaban al trágico 13. Inmediatamente, las Iglesias de Occidente, encabezadas por la metrópoli milanesa, se alinearon en contra. Eran las décadas de finales del siglo III y principios del siglo IV, en las que Milán era la sede imperial, y el mito fundacional de su prestigiosa comunidad cristiana se situó, no sin polémica, precisamente el 13 de marzo, día en el que la leyenda situaba la llegada del apóstol Bernabé a Milán. Aquel día la nieve se derritió y florecieron los ciruelos. Resulta evidente la instauración del mito en los calendarios agrícolas precristianos adaptados a la latitud padana, pero de todas formas es una bonita leyenda que aún hoy sigue viva en Milán: el *tredesin de marz* se monta el mercado de las flores, se renuevan los jardines, etc. Entonces, ¿cómo es posible que tan alegre festividad se consolidara como fecha de mal agüero nada más cruzar los Alpes? En el calendario juliano, el 13-3 (13 de marzo) es el número más desafortunado que existe (¡no es casualidad que se eligiera para la matrícula del coche del Pato Donald!). La cuestión es que, en el siglo IV de nuestra era, la discrepancia acerca de la fecha exacta de la Pascua amenazaba con provocar divisiones políticas. Entonces, bajo el alto patrocinio imperial, se convocó el Concilio de Nicea. Entre otras cosas, los padres conciliares estipularon que:

— El calendario de trece meses lunares quedaba prohibido, y la Iglesia se regiría por el calendario civil romano de doce meses.

— La Pascua se celebraría cerca del equinoccio de primavera para poder vincularla con los ritos agrarios que seguían en aquella época las *plebes rusticae* del vasto imperio que quedaban aún por convertir.

— El día de Pascua sería el primer domingo después del primer plenilunio de primavera.

Se lanzó un anatema contra los cuartodecimanos. Entre otras cosas, se les acusaba de ser demasiado afines a la liturgia de los judíos, pueblo que en aquel entonces había sido tildado de «deicida»… Los nuevos cristianos de las Galias y de Britania fueron, como suele ocurrir, los más diligentes: con una mezcla de orgullo filorromano, antisemitismo y restos de cultos precristianos, los obispos del norte del Imperio volcaron en el número 13 toda la infamia de los detestables cismáticos orientales. Es posible que la emergente triscaidecafobia hubiera caído en el olvido con el paso de los siglos; sin embargo, entre los siglos XVIII y XIX, algunas comunidades protestantes surgidas principalmente en el Nuevo Mundo (testigos de Jehová, adventistas, etc.), para diferenciarse mejor de las viejas Iglesias europeas, de las cuales se habían separado y, sobre todo, como muestra de odio hacia los papistas, desempolvaron la Pascua fija en el día decimocuarto de nisán, con la consecuente visión del dios terrible que el día 13 lleva a cabo la matanza de los enemigos de los elegidos. El 13 volvió así a ser, sobre todo en América, un número temible, además de incómodo.

Hemos caído de lleno en la superstición, que podríamos ignorar si no fuera por las implicaciones económicas que afectan también a los no supersticiosos. En los Estados Unidos, solo alrededor del 5-10 % de los rascacielos incluye la planta trece. En los restantes se pasa directamente de la planta doce a la catorce. Las constructoras se han adaptado al hecho de que muchos pisos situados en la planta trece se quedaban sin vender. Por otra parte, puesto que más vale prevenir que curar, y teniendo en cuenta que las supersticiones varían según las regiones geográficas y que muchos de los nuevos inversores del mercado inmobiliario de las grandes ciudades americanas son sociedades o gente adinerada de origen chino (país adonde vayas, superstición que hallas), también la planta cuarta se suprime cada vez más en los planos de los rascacielos y los pulsadores de sus ascensores. Si no fuera por la creciente hegemonía cultural angloamericana y por la globalización, los pueblos de Europa y de la América católica podrían ahorrarse esta superstición. En el caso particular de Italia, la antigua disputa sobre el 12, el 13 y el 14 tuvo un desenlace popular a partir de la posguerra. La historia es la siguiente: en 1946 se inventó la quiniela SISAL, que otorgaba el premio a quien predijera correctamente los resultados (victoria, empate o derrota del equipo de casa) de los doce partidos de fútbol; pero las victorias eran demasiadas y, por ende, escasos los premios. Se trataba de un juego democrático: el objetivo no era generar millonarios improvisados, sino redistribuir a través de la diosa Fortuna un poco de riqueza en medio de tanta miseria de posguerra. Sin embargo, el juego de azar (como lo es la quiniela, pasatiempo en que los conocimientos deportivos inciden muy poco) responde a otras lógicas, la primera de las cuales es la avaricia. Fue así como, durante la temporada 1950-1951, se introdujo el decimotercer partido para reducir la probabilidad de acertar todos los resultados, con el consiguiente aumento del premio para quien lo lograra. ¡Entonces, «marcar 13» sí significó para millones de italianos el golpe de suerte que te cambia la vida! En el año 2000, un poco por exagerar, se introdujo un decimocuarto partido para competir con el SuperEnalotto, que atraía a más apostadores debido a sus asombrosos premios. La quiniela llamó a aquella improbable ganancia el *tredicissimo* (el «trecísimo»), ya que el 13 (y no el 14) se había convertido en el número afortunado por antonomasia... Aún hoy en día, entre los amuletos que se venden en Nápoles —junto a cuernos, tréboles y herraduras—, podréis encontrar un bonito «13» para colgároslo al cuello, tal vez junto a la medalla de la Virgen del Carmen. Esto los marineros de la Sexta Flota no logran entenderlo...

¿Y qué hay de la suerte del 17? Su principal analogía con el 13 consiste en encontrarse entre dos números cómodos y altamente operables como son el 16 (potencia de 2, es decir, el doble del doble del doble de dos) y el 18 ($2 \times 3 \times 3$). Los pitagóricos se opusieron a este número primo tan incómodo (el 17) y que, probablemente, ya los matemáticos de Mesopotamia hubieran señalado como infausto: el mito del diluvio universal —que llegó a nosotros a través de la Biblia, pero cuyos orígenes son mesopotámicos— dice que el castigo divino se inició el día 17 del segundo mes.

Por tanto, es puramente accidental el juego adivinatorio que en época constantiniana quiso ver en el número

17 expresado en cifras romanas (XVII) el anagrama de VIXI («viví, terminé de vivir»), palabra que se encontraba en los epitafios de los no cristianos. Debieron de ser los cristianos —para los que la muerte del cuerpo no era más que un paso a mejor vida— los que dieron una connotación negativa al 17, como señal inequívoca de su no adhesión a la nueva religión. Su mala fama nació en Roma, donde ya desde el siglo III se veneraba a los primeros mártires de las catacumbas, pero no se extendió a más lugares. La superstición y el temor que suscita el número 17 son típicamente italianos; en concreto, de la región campano-lacial. En *La smorfia napoletana*,[15] el 17 es la desgracia, y su contiguo 16, la suerte —para ser más exactos, *o' culo* («el culo»)—. ¿Quizá porque *sedici* y *sedere* suenan de forma parecida?[16] ¿O por remotas reminiscencias del pensamiento de los pitagóricos partenopeos? En cambio, en geometría, el 17 se toma su pequeña revancha sobre el 13. De hecho, el polígono regular de 13 lados no se puede construir con escuadra y compás. Es un verdadero número incómodo. De carácter muy diferente es el heptadecágono, el polígono regular de diecisiete lados. Fue el «príncipe de los matemáticos», Carl Friedrich Gauss (1777-1855), quien se enfrentó a tan grande hazaña,

---

[15] *La smorfia napoletana* es un libro en el que se analizan los sueños y se convierten en números que, supuestamente, traerán suerte en la lotería. *(N. de la T.)*.

[16] En italiano, *sedere* es sinónimo de *culo* («culo»), y *sedici* significa «dieciséis». Como señalan los autores, existe cierto parecido entre las dos palabras italianas. *(N. de la T.)*.

y quien en 1796 demostró, no sin esfuerzo, que la figura de 17 lados se podía construir con escuadra y compás. Y se sintió tan orgulloso de ello que pidió que se grabara una en su lápida.

Diez

«Diez grandes números 10: Antognoni, Baggio, Del Piero, Maradona, Messi, Pelé, Platini, Rivera, Totti y Zidane».

ANÓNIMO

De cuclillas, en equilibrio sobre dos piececitos bien separados, una cría humana se observa los dedos de los pies. No hace mucho que ha aprendido a adoptar esta postura, la más adecuada para evacuar, pero también para ponerse en pie de un salto y salir corriendo si fuera necesario. Es una postura cómoda, con el peso de la cabeza y de las manos un poco desplazado hacia delante para equilibrar el cuerpo, y con la mirada inusitadamente cerca de las extremidades. Estas no se parecen demasiado: manos y pies hacen cosas diferentes, y también se mueven de manera distinta. El niño juega a mover los dedos de arriba y los dedos de abajo. Los de arriba, precisos y hábiles para agarrar; los de abajo, ensanchados, cortos y fuertes para los andares bípedos que ha adoptado hace poco. Estas son las diferencias, pero el niño se fija también en lo que tienen en común: los dedos de sus cuatro extremidades tienen el mismo número arriba y abajo, a derecha e izquierda de ese cuerpecito de cabeza desproporcionada…

Es probable que esta escena se repita desde hace cientos de miles de años, y puede que también nosotros la hayamos contemplado. El ejemplar descrito está descubriendo una cantidad determinada, con la que se está familiarizando. Todavía no sabe —obviamente— qué cantidad es esa; no la nombra, no la enumera. Pero confronta y ve «tanto como» en una medida que sabe que lleva consigo, una medida útil, por tanto; al alcance de la mano, podríamos decir. Y también al alcance de los pies, si la postura en cuclillas fuera la más frecuente; aunque cabe suponer que es la erguida la que no tarda en convertirse en la más habitual. Nuestro niño paradigmático observa que, en ocasiones, los adultos se ponen de cuclillas precisamente para descansar y charlar, a ser posible, cerca. Tal vez hablen de cosas relacionadas con los alimentos que recolectan o se intercambian, y quizá para explicarse usen los dedos de arriba y los de abajo. Son momentos de paz. Sin embargo, cuando los mayores discuten, se ponen de pie y gesticulan solo con las manos. Por desgracia, ocurre a menudo...

Dejémonos ahora de conjeturas y acerquémonos, a través de nuestra historia, a una hipótesis que ya adelantamos en capítulos anteriores: que la enumeración primitiva de las cantidades tuviera como punto de partida el contar con los dedos y que las diferencias culturales llevaran, poco a poco, a considerar la cantidad de dedos de las manos como la base más práctica. Es decir, que la decena resultara la cantidad más conforme, a pesar de que el número 10 (número anatómico, como el 2, el 4 y el 5) no fuera el más operable desde una perspectiva aritmética, al contrario del 12, como hemos visto. Pero no por ello la opción que contempla el uso de los veinte dedos de manos y pies fue descartada a lo largo de las civilizaciones humanas. Sistemas numéricos con fundamento vigesimal se fueron asentando a pie firme en las sofisticadas culturas mesoamericanas, así como en los atrasados pueblos de la vasta familia caucásica, como los galos. Todavía hoy, los franceses dicen «cuatro veces veinte» para decir ochenta. Sin embargo, debido a complejas razones histórico-antropológicas, el sistema decimal prevaleció en las grandes culturas de las llanuras asiáticas, de las que más tarde surgirán la civilización china y la indoirania. De estas, como ya hemos visto, proviene el concepto de vacío y el número asociado a este, el 0, el mismo que, en efecto, determinará la suerte matemática del sistema decimal.

Para los etimologistas, existen dos teorías sobre el origen de la palabra *dek(e)m*, que en sánscrito significa «diez»; no obstante, ambas se refieren a la forma y el gesto de las manos: *dva kem*, «dos veces una mano», o *deç*, es decir, el verbo «mostrar con las manos abiertas». La misma palabra indica también el espacio abierto de las vastas llanuras, así como el de la bóveda celeste. Son teorías aparentemente sugestivas, pero no infundadas, que exploran las conexiones semánticas entre la gestualidad del cuerpo y conceptos complejos.

Los seres humanos comparten unos con otros la misma morfología corpórea, pero sus representaciones son culturales. Por ejemplo, en chino clásico el 5 se representa con la mano abierta, pero para el 10 no se precisan las dos manos, sino el dedo corazón e índice cruzados, puesto que el gesto evoca el signo gráfico para escribir *shi*, que significa «diez». Se trata de un nivel de abstracción superior comparado con el de aquellos pueblos (la mayoría del planeta) que abren ambas manos. Por tanto, *shi*, cuando acompaña a otros signos, cambia incluso su campo semántico: 10, precedido por el ideograma con que se designa al hombre, significa «surtido», «variedad»; conceptualmente, bastan diez cabezas, diez opiniones o ideas para formar una gran diversidad. El pensamiento de un hombre es de por sí tan complejo que basta con una pequeña cantidad de hombres —una decena, como hemos dicho— para formar una enorme diversidad.

El signo gráfico del chino clásico para dibujar la cantidad 10 se parece a una cruz latina, una solución gráfica que resulta de la numeración de las unidades a partir de trazos horizontales. Una vez llegados a 10, para signos más complejos, bastan dos trazos perpendiculares de pincel. Pero en la numeración arcaica —llamada Shang, 1500-1200 a. C.—, que conocemos solo gracias a grafitos, el signo para hacer una muesca en el duro soporte en el que se escribe (el hueso, en este caso) se reduce al mínimo: el valor 10 se representa con una sola marca vertical, al igual que el valor 1 se representa con una sola marca horizontal. Podemos encontrar igual economía gestual en la numeración babilónica de la misma época, aunque en este caso el material sobre el que se escribía era la arcilla, y el instrumento, como ya hemos dicho, el estilete de caña, cuya sección nos da un circulito: «O» es el signo gráfico que valía 10. Por su parte, las primeras evidencias de numeración romana se remontan a mil años después, y también presentan una grafía basada en muescas. No es de extrañar que la forma del valor 10 se exprese con solo dos muescas cruzadas. Se esculpen en forma de equis en lugar de perpendiculares, pero el gesto es tan funcional como el chino. Además, el valor numérico equivale a dos uves unidas en los vértices (dos manos).

La cantidad de 10 —con independencia de la grafía de su cifra— gozó de un éxito evidente en la Antigüedad. Era la más fácil para enumerar y memorizar con los dedos. Enseguida pensamos en los diez mandamientos mosaicos: el legislador quería facilitar su memorización, y no solo a través de la simple vocalización. Los antiguos romanos, con su proverbial sentido práctico, dieron un amplio uso al 10. En época arcaica, incluso el año estaba jalonado por 10 meses, tan fáciles de recordar que han permanecido como vestigios lingüísticos en muchos idiomas modernos. No obstante, precisamente por razones prácticas, no tardaron en darse cuenta (s. VIII a. C.) de que con el 10 el cálculo del tiempo no funcionaba: a pesar de seguir siendo aproximativa, la segmentación del año a todas luces salía mejor con el 12. El 10 se mantuvo como la cantidad funcional más apta en muchos otros ámbitos de la vida cotidiana. En primer lugar, en el contexto militar: diez hombres forman una decuria, la unidad táctica de referencia; y diez decurias, una centuria. Cuenta el mito que la insignia de armas era un puñado (*manipolus*) de espigas, aunque lo más probable es que la palabra «manípulo» indicara al principio el «puñado» de hombres que el jefe contaba con los dedos de una mano y que, redoblado, hacía una decena. También el término «decano», que proviene del griego *deka*, se utilizó a partir del siglo II a. C. para designar al jefe de una patrulla de diez hombres, y más tarde al comandante de una escuadra naval de diez embarcaciones. Con esta segunda acepción más prestigiosa, la palabra fue recuperada en el latín tardío del siglo XIII, cuando los términos que sonaban grecizantes otorgaban cierto halo de solemnidad. *Decanus* vuelve a aparecer, por tanto, en las universidades y en los colegios eclesiásticos de la Edad Media para indicar un miembro merecedor de respeto, o incluso la persona al mando. La palabra «decano» sobrevive todavía para designar un miembro respetado, ya sea por antigüedad o por mérito, en diferentes asambleas humanas (sociedades, círculos, consejos empresariales, etc.). El término «decurión» sufrirá más o menos la misma deriva semántica en los siglos XV-XVIII, pasando de la terminología militar a la civil: en casi todas las ciudades europeas del Antiguo Régimen existieron colegios de decuriones, es decir, de diez respetables ciudadanos dedicados principalmente a tareas de supervisión; no obstante, dicha palabra no ha sobrevivido.

En cambio, en la antigua Roma era el término *decemviro* el que designaba a un miembro de un colegio compuesto por diez hombres. Al parecer, en origen, tales colegios —que desempeñaban funciones diversas, que incluían desde la redacción de leyes al reparto de tierras— se formaban por el diezmado de *cives*, un procedimiento rápido e improvisado. Los ciudadanos se ponían en fila y se iban

90

contando hasta llegar a 10. Aquel que ocupaba la décima posición en el recuento se apartaba, y así sucesivamente hasta que solo quedaran 10 hombres. El procedimiento garantizaba cierta aleatoriedad a la hora de obtener los diez ciudadanos destinados a ejercer una función pública. Era un método tal vez democrático-adivinatorio, pero que, por supuesto, no garantizaba competencia. Resulta más interesante preguntarse por qué precisamente 10 y no 7 o 13. La respuesta, por completo conjetural, es que los romanos primitivos consideraban —¡justo como los chinos!— que diez cabezas podían contener la cantidad óptima de opiniones. Era suficiente para garantizar variedad, pero no demasiada como para impedir una toma de decisión rápida.

Diez hombres alineados y cargados daban, en cambio, el ancho de una carretera militar, que al entrar en el *castrum* formaba un cruce. En el urbanismo romano, el *decumano* pasará a ser el menor de los dos ejes (*cardo*) de la organización del asentamiento. Desde el cruce empezaba la centuriación de las tierras de cultivo, que consistía en cien franjas del ancho de un par de bueyes enyugados y lo bastante largas como para formar una parcela posiblemente cuadrada. También en las mediciones lineales los romanos adoptaron una unidad de medida que es múltiplo de 10: la milla, es decir, mil pasos del soldado marchando. Todas ellas son unidades de medida que siguen guardando relación con la fisicidad humana. Por supuesto, las matemáticas del 10 poco tienen que ver con todo esto. Comenzaron a tenerlo cuando el 10 apareció como múltiplo de una cantidad medida, y no como una simple repetición de líneas de diez soldados, cosa que había sido en el caso de la centuria militar, o de diez surcos cultivables en el caso de la centuria agrícola.

Es en el siglo III a. C. cuando Roma acuña el denario, una única pieza de plata que, convencionalmente, valía diez unidades ponderales de bronce. Aquel término numismático tuvo suerte duradera y es una de las pocas palabras que el árabe (en contextos contables) adoptó y mantuvo del latín. En su formulación, el cuño conocido como denario contenía el concepto de decimal (múltiplos y submúltiplos del 10), pero no logró imponerse como paradigma. La civilización romana no llegó, a pesar de su practicidad, a instaurar un sistema métrico decimal consolidado.

No obstante, el principio matemático de la subdivisión de una cantidad no especificada en diez partes iguales era mucho más antiguo. Tradicionalmente, la norma de la décima parte del producto que debía ser entregada a Dios (o, mejor dicho, a los sacerdotes que se arrogaban el derecho de representarlo) se remonta a las leyes mosaicas. Es mucho más probable que fuera añadida al libro del Levítico (30, 27) después del exilio babilónico (s. VII a. C.). No se trata de un simple apunte erudito: con la deportación, el pueblo hebreo había entrado, muy a su pesar, en contacto con la civilización más evolucionada, desde un punto de vista matemático, de Oriente Medio. También es significativa la modalidad de cálculo, posteriormente definida en los sucesivos libros normativos de la Torá: el producto agrícola —¡la comida, una vez más!— se distribuye en diez partes iguales, una de las cuales se destina a óbolo. Esta prestación se transforma en poco tiempo en una práctica de recaudación fiscal difundida en todas las civilizaciones mediterráneas, incluida la romana. Dicha operación, ya sea espontánea o impuesta, presupone el uso de unidades de medida ponderales, de capacidad, de extensión, etc., aceptadas y compartidas, así como de instrumentos materiales de medida y, por tanto, de habilidades contables para la división de particiones. La operación aritmética inversa es la multiplicación por 10. La imposición de la décima (o diezmo) entrará más tarde en las costumbres fiscales de la Edad Media cristiana y permanecerá hasta la época final del Antiguo Régimen. No deja de ser paradójico que sean precisamente los Estados hostiles a la adopción del sistema métrico decimal —hijo de la Revolución francesa— los que sigan conservando la antigua recaudación, hasta que a lo largo del siglo XIX se convierta en una reliquia utilizada solo en algunas de las comunidades cristianas más conservadoras de América.

En Occidente, el sistema métrico decimal se desarrolló entre 1775 y 1795, en París. Así pues, había pasado alrededor de medio milenio desde la introducción del 0 con valor posicional que permitiría una aritmética en base 10 funcional y compleja. ¡En la India se llevaba usando desde hacía por lo menos dos mil años! Sin embargo, al sistema métrico decimal —la aplicación más afortunada, popular y útil del número 10— le costó ser aceptado porque entraba en conflicto con la materialidad de aquello a lo que se aplicaba: líquidos, sólidos, distancias, monedas, etc. Muchos Gobiernos (Gobiernos de Estados que en el siglo XIX presumían de ser los más civilizados del mundo) prefirieron la tradición y el localismo a la eficiencia y la racionalidad de un sistema impopular. Italia, en particular, se adhirió oficialmente al sistema en 1861. Pero renunciar a la *pertica lodesana* o al *tumulo girgentino* a favor de la hectárea hacía que los diputados del nuevo Parlamento nacional (en su mayoría, propietarios agrícolas) se revolvieran contra la «pérdida de identidad» y por el «riesgo de insubordinación de las poblaciones rurales».[17] ¡Pobre 10, qué fechorías subversivas podía acarrear!

Los múltiplos y submúltiplos, en base 10, de las medidas comunes hacen que sea más fácil manejar pesos, longitudes y capacidades. Esto se aprecia especialmente cuando intentamos hacer una receta de cocina de una página web estadounidense y tenemos que vérnoslas con onzas, libras y cuartos de galón, o cuando, conduciendo por la periferia de Londres, las señales de tráfico nos informan de que en cuatrocientas yardas nos encontraremos con un paso a nivel prohibido a vehículos de una altura superior a nueve pies y cinco pulgadas. El uso de un sistema compartido, como el sistema internacional, con sus múltiplos y submúltiplos decimales, facilita la comunicación y los intercambios científicos. No guiarse por él puede con-

---

[17] Cit. en *Atti Parlamentari sulla reforma agraria*, Roma, 1876.

llevar catástrofes costosas y embarazosas, como la que en 1999 puso fin antes de tiempo a la misión del Mars Climate Orbiter, una sonda de la NASA que debería haber orbitado alrededor de Marte para estudiar su clima y atmósfera. Cuando la sonda estaba llegando a Marte, se encendieron los propulsores para modificar la trayectoria y que entrara en la órbita deseada alrededor del planeta. Sin embargo, la sonda entró en una órbita demasiado baja y se desintegró en la atmósfera del planeta rojo. Los valores de algunos parámetros críticos, que se esperaban en el sistema métrico decimal, habían sido comunicados, en cambio, siguiendo el sistema de medida comúnmente utilizado en los Estados Unidos...

En un sistema posicional en base n, el número n necesita dos cifras para ser escrito. Por eso 2, en el sistema binario, se escribe 10, utilizando la cifra 1 para indicar una pareja, y la cifra 0 para indicar 0 unidades. Lo cual es como decir que en este sistema existen diez tipos de personas, las que lo entienden y las que no. Asimismo, 8 en el octal y 16 en el hexadecimal se escriben igual: 10.

En primaria, pero también en secundaria, el 10 —entendido como cuantificación de la evaluación— es prácticamente un milagro. Es probable que intimide tanto a quien lo pone como a quien lo recibe, entre otras cosas, porque después ya no se puede mejorar más. Representa, por tanto, la perfección, como bien saben los gimnastas y los saltadores olímpicos de trampolín. Los matemáticos sostienen que es un número idóneo, feliz y malvado, triangular, decagonal, no cototiente y defectivo. Ellos se lo guisan, ellos se lo comen.

Alfa, es decir, 1/137

> «El número mágico que el hombre no llega a entender».
>
> RICHARD FEYNMAN (1918-1988)

Todos los números, por una u otra razón, merecen atención. Aun así, es difícil que un matemático muestre interés por el número 0,007297… Y probablemente muchos físicos no lo reconocerían como el «número mágico que el hombre no logra entender», como dijo en su día el Premio Nobel de Física Richard Feynman. En cambio, si lo escribís como 1/137 (una muy buena aproximación), entonces todos los físicos y muchos matemáticos lo reconocerán de inmediato. «¡Alfa!», exclamarán: la constante de estructura fina, también conocida como constante de Sommerfeld, el físico que la introdujo en 1916.

A pesar de lo célebre que pueda ser, no podemos pasar por alto al bueno de Arnold Sommerfeld. Nació en 1868, en Königsberg, la ciudad universitaria que alardea de ser la cuna de Kant, pero que con más razón aún debería alardear de ser la de este otro pensador que iluminó a tantos científicos en la vertiginosa epopeya que tuvo lugar entre los siglos XIX y XX: Pauli, Heisenberg, Bethe y Debye fueron estudiantes suyos de doctorado (¡todos ellos nobeles!), mientras que Pauling, Rabi y Von Laue (también nobeles) fueron estudiantes posdoctorales suyos. A Sommerfeld lo que le atraía eran los estudios de historia y filosofía, y, aunque se acercó a las matemáticas casi con reticencia, tras asistir a las clases de Hilbert, acabó descubriendo que lo suyo era dicho ámbito de estudio. En la universidad, Sommerfeld era toda una estrella: guapo, rubio, audaz, con una cicatriz en la cara, resultado de un duelo, y porte de oficial de caballería, y, a pesar de ello, siempre dispuesto a ayudar a sus compañeros de curso. Con todo, no era nada soberbio en absoluto. Cuanto más aprendía, más quería compartir sus conocimientos e investigaciones. Llegó a ser un excelente maestro y un descubridor de talentos. El intercambio de conocimientos le llevó a entablar correspondencia con las mentes más brillantes de su época. Por esta razón, vio que el estallido de la Gran Guerra era un irreparable derroche de energía e inteligencia. Exponer y compartir con la comunidad científica internacional la constante de estructura fina, en medio del baño de sangre de 1916, era como decir a la locura de los generales: «La ciencia encuentra valores en el universo que dejan en ridículo vuestras "sagradas fronteras"».

Existen muchas constantes físicas. ¿Cuáles son las propiedades que hacen que la de estructura fina sea tan especial? Se puede entender tomando otra constante muy conocida e importante: c, la velocidad de la luz en el vacío, que es de 299 792 458 metros por segundo, o también de

1080 millones de kilómetros por hora o de 186 000 millas por segundo. Efectivamente, al tratarse de una velocidad, tiene medidas de espacio dividido por tiempo y, por tanto, su valor numérico depende de las unidades de medida que se utilicen a la hora de medir el espacio y el tiempo. Si una persona os dijera que tiene pruebas de que unos segundos después del *big bang* la velocidad de la luz (siempre en el vacío) era de 937 *cominas* por *perdizón*, no sabríais evaluar la magnitud de esta afirmación porque no sabríais si esta medida implica una variación de la velocidad de la luz en el tiempo o no. Os deberían explicar lo que mide una *comina* y lo que dura un *perdizón*, lo cual podría resultar muy muy complicado.

No ocurre lo mismo con las constantes de tipo adimensional. La relación entre las masas (en reposo) de un protón y de un electrón es una constante que vale 1836,65, da igual que midáis las masas en gramos, kilos, libras o lo que sea. En este caso, es obvio que la cantidad resultante es adimensional, al tratarse de la relación entre dos medidas con las mismas dimensiones. Es diferente y mucho más interesante el caso de alfa, que es asimismo un número puro, y, por tanto, caracterizado por un valor absoluto que no depende del sistema de medición empleado. Da igual que penséis en kilómetros o en millas, en kilogramos o en onzas, en *cominas* o en *perdizones*, alfa siempre vale 1/137. No obstante, ¿por qué es tan interesante este número?, ¿tanto como para merecer la definición de Feynman? Porque es la combinación de otras constantes fundamentales: la ya mencionada velocidad de la luz en el vacío (*c*), la carga eléctrica (*e*) y la constante de Planck (h). Alfa se obtiene dividiendo el cuadrado de la carga eléctrica e por el producto de la velocidad de la luz c por la constante de Planck h, y multiplicando el resultado por 2π. El resultado es 0,00729735..., que los físicos prefieren expresar, precisamente, como 1/137. Cada una de las constantes que participan en la definición de alfa tiene dimensiones, pero estas, al combinarse, se eliden y desaparecen. Por tanto, lo que queda es un número.

Al ser una combinación de e, c y h, alfa caracteriza la fuerza de las interacciones electromagnéticas, las que regulan la vida de los átomos, de las moléculas, de la materia con la que lidiamos a diario, y la fuerza de las interacciones entre la radiación y la materia. Contiene algo de electromagnetismo, un poco de relatividad general y un poco de mecánica cuántica. El mismo Feynman la definió como «uno de los mayores misterios de la física».

Al llamar «alfa» a su constante, Sommerfeld no quería dejarse llevar por simbolismos teológicos; entre otras cosas, porque, al principio, su relevancia se limitaba al campo de la espectroscopia atómica, y solo muchos años después, a finales de los años veinte del siglo pasado, se planteó el problema de entender su valor numérico y su significado más profundo. De todas formas, también en este caso, *nomina sunt omina*. La primera letra del alfabeto griego era la cifra que indicaba «1», y en otras disciplinas científicas (como la química, la biología, etc.) ya estaba y sigue estando en uso en varias acepciones. Pero en el caso de esta constante es difícil de verdad sustraerse a sugestiones y referencias, como la del Apocalipsis de san Juan 1, 8, donde se dice: «Yo soy el Alfa y la Omega». Es el número de la afinación inicial del universo. ¡Las corrientes esotéricas del nazismo no daban crédito! Para mentes poco científicas y sedientas de poder, aquel gusto «mágico» —como dirá años más tarde Feynman— que moraba en el 1/137 era un bocado irresistible... Es una pena que Sommerfeld se hubiese declarado enemigo del nazismo desde sus inicios. Al ser simpatizante de la ciencia judaica (las teorías de Einstein), fue, por consiguiente, apartado de los cargos universitarios. Poseyó, por ello, una superioridad moral que no todos sus compañeros supieron mantener. Sommerfeld, tachado por los nazis de «judío blanco» por ser seguidor de Einstein, murió en 1951 en un accidente de tráfico cuando llevaba de paseo a sus nietos.

Las constantes fundamentales nos fascinan por el papel que juegan a la hora de proporcionar al universo las propiedades que observamos. Sin embargo, no las entendemos y hacen que nos planteemos muchas preguntas que aún hoy siguen sin hallar respuesta. Nos preguntamos, por ejemplo, cuántas constantes hacen falta para describir el mundo, por qué tienen precisamente el valor que tienen y qué es lo que determinan. También somos conscientes de que pequeños cambios en los valores numéricos de las constantes fundamentales determinarían un universo muy distinto del que conocemos y llevarían a situaciones en las que la vida (por lo menos, en las formas que nos son familiares) difícilmente habría podido desarrollarse. Si la constante de estructura fina tuviera un valor inferior al que tiene, y no de un factor de 100 o 10, sino de tan solo un 5 %, los átomos estarían menos unidos, y el complejo mecanismo de formación de los elementos pesados a través de los procesos de nucleosíntesis estelar se resentiría dramáticamente. En particular, no habría sido posible que se produjesen ni el carbono ni los demás elementos necesarios para dar comienzo al desarrollo de aquella complejidad química que llevó más tarde a la formación, diferenciación y evolución de la vida que nos caracteriza. Incluso las primeras fases del universo serían diferentes, con otros tiempos y maneras para la fase de la recombinación. Hablamos de la etapa propedéutica anterior a la formación de las primeras estrellas, cuando los electrones y los protones, al enfriarse, comenzaron a unirse entre sí formando átomos de hidrógeno. De igual manera, valores mayores habrían llevado a que la evolución del universo siguiera otros caminos y alcanzara otros resultados. Es por eso por lo que algunos físicos sostienen que el universo está afinado a la perfección (en el sentido de que las constantes fundamentales tienen exactamente los valores correctos) para permitir el desarrollo de esa complejidad necesaria para la evolución de la vida.

Por otro lado, hay que recordar que, si las propiedades o la historia del universo no fueran compatibles con el desarrollo y la evolución de la vida, no podríamos estar aquí hablando de ello. Por ejemplo, no podríamos haber medido una edad del universo de solo mil o dos mil millones de años, ya que en un lapso de tiempo tan breve no se habrían dado las condiciones óptimas para diseminar en el espacio los elementos pesados necesarios para la formación planetaria y, de manera subsiguiente, la bioquímica. Por tanto, es a consecuencia de un gigantesco sesgo de selección por lo que los números del universo son precisamente los que observamos, y no hay que sorprenderse de ello. Que exista un único universo y que este tenga justo los números correctos (para nosotros) es, sin embargo, algo que avergüenza a muchos científicos, en vista del hecho de que el paso que lo separa del hipotético diseño inteligente es peligrosamente pequeño. No obstante, hay algunos que acogen de buen grado las teorías que contemplan los multiversos (los muchos universos), de los que el nuestro sería solo uno de tantos, aquel donde las constantes fundamentales asumen los valores que nos permiten filosofar sobre ellos.

En cambio, otros físicos opinan que preguntarse por qué ciertas constantes tienen el valor que tienen significa formular mal la pregunta o, mejor dicho, enunciarla desde nuestra ignorancia. Si alguna vez llegamos a disponer de una sólida y exhaustiva teoría del todo, descubriremos que los valores de estas constantes se deben a leyes físicas que aún desconocemos, las cuales no permiten valores diferentes. Sin duda, si nos encontrásemos en las condiciones de poder comunicarnos con civilizaciones alienígenas tecnológicamente avanzadas, las matemáticas y los números supondrían un lenguaje apto para empezar a entenderse; y el valor de la constante de estructura fina, por ser adimensional, y por tanto absoluto, sería, sin lugar a dudas, uno de los primeros números que tendríamos que comparar. Aún más interesante sería saber si su valor numérico siempre ha sido el mismo a lo largo de la historia de la expansión del universo, así como en sus rincones más remotos, el mismo que nosotros medimos aquí y ahora. A la espera, probablemente larga, de poder preguntar a la hipotética civilización extraterrestre cuál es el valor de medida para ellos de la constante de estructura fina y compararlo con el nuestro para ver si hay alguna variación, podemos ingeniárnoslas y apañarnos solos. ¿Cómo? Realizando nosotros mismos las mediciones necesarias, ya sea en laboratorios o por medio de observaciones astronómicas. Relojes atómicos basados en las transiciones hiperfinas de átomos de diferente número atómico Z (relojes máseres de hidrógeno, rubidio o cesio, por ejemplo), oportunamente sincronizados, perderían, de hecho, su sincronía si a lo largo del tiempo variara alfa. El uso del universo como laboratorio nos permite considerar variaciones en tiempos extremos, del orden de miles de millones de años, y lo mismo para escalas de distancia igual de extremas. Observaciones espectroscópicas de fuentes extremadamente luminosas y, por tanto, visibles desde distancias enormes —como un cuásar— permiten, en efecto, valorar si los dobletes de líneas de absorción (o emisión) visibles en su espectro y debidos a elementos químicos particulares se encuentran separados por las mismas distancias que los que se miden en un laboratorio. De hecho, la distancia entre dos líneas del doblete depende del valor numérico de la constante de estructura fina.

Estos experimentos y observaciones no han mostrado hasta ahora ninguna evidencia convincente de que la constante de estructura fina no sea realmente una constante. Helo aquí: 0,007297…, es decir, 1/137. En apariencia un número cualquiera, insignificante. Y, sin embargo, ¡misterioso y fascinante!

Números prohibidos, secretos e ilegales[18]

> «El primer día de Sucot, todos los números están prohibidos».
>
> MOISÉS MAIMÓNIDES (1135-1204)

Todos los números enteros son interesantes (¡esta es una afirmación demostrable!) y poseen alguna particularidad o peculiaridad. Entre ellos se encuentran también los números que no gustan o los que recuerdan momentos trágicos y que, por tanto, son censurados, o incluso prohibidos, dependiendo de la intensidad de la aversión o la incomodidad que susciten. Como ya hemos visto, puede parecernos gracioso que muchas compañías aéreas no incluyan la fila 13 (algunas, tampoco la 17), y que en muchos rascacielos se pase directamente de la planta doce a la catorce. Asimismo, nos deja perplejos que en China las autoridades hayan prohibido ciertos usos de los números 8964, 6489, 060489, porque recuerdan la fecha del 4 de junio de 1989, cuando se puso fin de manera trágica a la revuelta de la plaza de Tiananmén, en Pekín. En 2007, el ministro de Interior belga pidió a la liga de fútbol nacional que prohi-

---

[18] Este capítulo apareció en la revista mensual *Le Stelle* (núm. 170, págs. 10-11, septiembre de 2017), con un número diferente y más largo (1811 cifras).

biera a los aficionados que llevasen camisetas con el número 88 y sin nombre, por el significado que este número tiene en entornos neonazis. Así pues, hay números indeseables, incluso prohibidos, ya sea por triscaidecafobia o por censura. Y luego están también los números ilegales, números cuya posesión o transmisión supone un delito. O eso les gustaría a algunos...

Ya hemos hablado del 0 y del 1, y de cómo estas dos cifras son la base de un sistema de enumeración binaria que permite la transformación en números de cualquier expresión: textos, imágenes, vídeos, música, datos... Es la llamada digitalización. Cuando escuchamos los *Nocturnos* de Chopin, la *Novena* de Beethoven —o cualquier otra pieza musical—, al meter un CD en el lector, un rayo de luz láser escanea de forma ordenada la superficie del CD recorriendo una espiral de hasta cinco kilómetros de largo y encuentra zonas de diferente reflectancia que son registradas como secuencias de 1 y 0 y debidamente empaquetadas. Algunos de estos paquetes son la codificación de la música propiamente dicha, y otros sirven para corregir eventuales errores de lectura, para integrar metadatos relacionados con el contenido del CD y mucho más. Sin entrar en detalles técnicos del proceso de lectura y reproducción sonora, pues no tendríamos las competencias necesarias para explicarlos o comprenderlos, basta subrayar que los *Nocturnos* de Chopin se transcriben y leen como una larga serie de números binarios, transformables al final en los más familiares números en base 10.

También los colores pueden convertirse en números para permitir su gestión digital. Para su codificación, es muy común el uso del sistema hexadecimal (que utiliza dieciséis símbolos: las cifras del «0» al «9» y las letras de la «A» a la «F»), donde cada color está definido por tres números hexadecimales de dos cifras. Los tres números indican la cantidad de rojo, verde y azul necesaria para obtener el color deseado. Así pues, FFFF00, con mucho rojo, mucho verde y nada de azul, corresponderá a un bonito amarillo canario; 000000; al negro; C0C0C0, al gris plateado; 87CEFA, al azul, y así sucesivamente. Hay más de dieciséis millones de combinaciones posibles, correspondientes a colores y tonalidades diferentes. Una imagen es una matriz de píxeles, cada uno de ellos, de un color determinado. Es, por tanto, una matriz de números que, leídos en modo ordenado, llegan a formar un único gran número: una secuencia de números hexadecimales o binarios o incluso decimales. Por supuesto, lo dicho para la música y las imágenes vale también para códigos, textos, documentos, vídeos, etc. La digitalización lo reconduce todo a una secuencia numérica.

Existen piezas musicales, imágenes, libros y vídeos protegidos por el *copyright*, los llamados derechos de autor. Como según la legislación vigente no pueden copiarse ni distribuirse libremente, tener una copia adquirida de forma no legítima constituye un delito. Por tanto, los números que corresponden a estas obras, ya sean hexadecimales, decimales o binarios, no pueden ser distribuidos libremente. El problema, tal como lo venimos formulando aquí, es relativo y quizá solo de interés académico. Es casi imposible, en un universo finito, que lleguéis a generar por casualidad un número que se corresponda con una obra protegida por derechos de autor o con un documento reservado o secreto, o que se necesite para otros fines. La probabilidad es tan pequeña como la de que un mono, provisto de máquina de escribir, componga un canto de la *Divina comedia*. Además, los números en cuestión son tan largos que difícilmente pueden ser escritos en notación numérica normal. Así pues, en este sentido, no hay nada que temer, más allá del fastidio de tener que aceptar la idea de que alguien pueda pretender tener derechos en exclusiva sobre una secuencia de números. Sin embargo, existen también números relativamente cortos, y por ello escribibles como son, que se utilizan como claves para desencriptar material protegido (ciertos tipos de DVD, juegos electrónicos, *softwares* comerciales, etc.).

Los propietarios de los derechos relativos a ciertos materiales protegidos han llegado a pedir que estos números fueran considerados de igual modo que una tecnología ilegal apta para saltarse las protecciones legítimas, y han solicitado su eliminación de internet. El caso más famoso es el que plantearon, en 2007, la Motion Picture Association of America y la Advanced Access Content System (AACS), que ordenaron que se borrara de internet un número que podía utilizarse como clave criptográfica para desbloquear los DVD Blu-ray. En otras palabras, lo que se pretendía era que la posesión o transmisión del número en cuestión (09 F9 11 02 9D 74 E3 5B D8 41 56 C5 63 56 88 C0, en notación hexadecimal) fuera ilegal.

Huelga decir que la controversia que todo esto generó —incluyendo amenazas de tomar acciones legales— derivó, tras un primer momento de desorientación y la retirada temporal del número ilegal de ciertas páginas web, en una revolución digital y en la proliferación imparable de dicho número en miles de páginas, lo cual lo convirtió en uno de los números más publicados y comentados de la historia moderna. Si tecleáis en un buscador sus cuatro primeras cifras, 09F9, descubriréis que aún siguen existiendo miles de páginas web que tratan sobre dicho número entero y cuentan su historia.

Si agrupamos adecuadamente las cifras de este número hexadecimal, obtenemos cinco colores (quitando el C0), con los que podemos crear una bandera compuesta por cinco franjas verticales de color. En muchos entornos se la conoce como la bandera de la libertad de información, al derivar de un número que tenía que haberse prohibido.

Un aspecto curioso de los contenciosos legales relacionados con la definición de número «ilegal» es que, si el número en cuestión posee unas características que lo hacen en sí mismo merecedor de una publicación científica, entonces no puede ser censurado. Números merecedores de una publicación científica son, sin duda, los números primos muy grandes. De ahí arrancó una especie de competición, iniciada por el matemático y programador Phil Carmody (1971-), para identificar números primos muy grandes que pudieran codificar un *software* protegido.

Sorprendentemente, estos números existen y ya han sido hallados varios. El primero, compuesto por 1401 cifras es:

4 85650 78965 73978 29309 84189 46942 86137 70744 20873
51357 92401 96520 73668 69851 34010 47237 44696 87974 39926
11751 09737 77701 02744 75280 49058 83138 40375 49709 98790
96539 55227 01171 21570 25974 66699 32402 26834 59661 96060
34851 74249 77358 46851 88556 74570 25712 54749 99648 21941
84655 71008 41190 86259 71694 79707 99152 00486 67099 75923
59606 13207 25973 79799 36188 60631 69144 73588 30024 53369
72781 81391 47979 55513 39994 93948 82899 84691 78361 00182
59789 01031 60196 18350 34344 89568 70538 45208 53804 58424
15654 82488 93338 04747 58711 28339 59896 85223 25446 08408
97111 97712 76941 20795 86244 05471 61321 00500 64598 20176
96177 18094 78113 62200 27234 48272 24932 32595 47234 68800
29277 76497 90614 81298 40428 34572 01463 48968 54716 90823
54737 83566 19721 86224 96943 16227 16663 93905 54302 41564
73292 48552 48991 22573 94665 48627 14048 21171 38124 38821
77176 02984 12552 44647 44505 58346 28144 88335 63190 27253
19590 43928 38737 64073 91689 12579 24055 01562 08897 87163
37599 91078 87084 90815 90975 48019 28576 84519 88596 30532
38234 90558 09203 29996 03234 47114 07760 19847 16353 11617
13078 57608 48622 36370 28357 01049 61259 56818 46785 96533
31007 70179 91614 67447 25492 72833 48691 60006 47585 91746
27812 12690 07351 83092 41530 10630 28932 95665 84366 20008
00476 77896 79843 82090 79761 98594 93646 30938 05863 36721
46969 59750 27968 77120 57249 96666 98056 14533 82074 12031
59337 70309 94915 27469 18356 59376 21022 20068 12679 82734
45760 93802 03044 79122 77498 09179 55938 38712 10005 88766
68925 84487 00470 77255 24970 60444 65212 71304 04321 18261

01035 91186 47666 29638 58495 08744 84973 73476 86142 08805
29443

Al comienzo del capítulo, decíamos que la afirmación de
que todos los números enteros (también los que no son
primos) son interesantes es demostrable. Y ello se prueba
por contradicción (por *reductio ad absurdum*), suponiendo
que algunos no son interesantes. Entre ellos, es posible
determinar el más pequeño, que, al no ser interesante, estaría dotado de una propiedad única: la de ser el número
no interesante más pequeño. Sin embargo, precisamente
por ello, se volvería interesante de inmediato. Y así sucesivamente…

Números (que se han vuelto) engañosos

«La estadística es la única ciencia que permite que diferentes expertos utilicen las mismas cifras para sacar conclusiones distintas».

EVAN ESAR (1899-1995)

Cuántas veces hemos oído, en tono pomposo: «… las matemáticas no son opinables…». Normalmente, quien emplea este lugar común quiere fundamentar cierto punto de su argumentación con un dato en apariencia incontrovertible, apoyándose en números y operaciones, utilizando el respetado atractivo de las matemáticas para, de este modo, hacer que su rival dialéctico quede sumido en un respetuoso y subordinado silencio. Es como si, por medio de ello, dijéramos que los números no mienten. Pero ¿es eso cierto? Los números en sí mismos no mienten, pero sin duda pueden ser usados para mentir, para engañar, al igual que las palabras. Sin embargo, desconfiamos más de los argumentos verbales que de los numéricos, que a veces tardamos en identificar como engañosos, precisamente porque las matemáticas no son opinables…

No resulta tan intuitivo entender que no merece la pena derrochar tiempo y dinero en ver que hace más de seis meses que el 32, el 76 o el 85 no salen en la *ruota* de Cagliari.[19] ¡Y lo peor es que incluso hay quien compra un terno de lotería garantizado por una supuesta vidente! En el siguiente sorteo estos números tendrán exactamente las mismas probabilidades de ser extraídos que los números que fueron extraídos la semana anterior, o que cualquier otro terno de números, esto es, una sobre noventa el primero; una sobre ochenta y nueve el segundo, y una sobre ochenta y ocho el tercero. Asimismo, tampoco es intuitivo reconocer, por ejemplo, que, si con nuestras inversiones inicialmente ganamos un 30 % y luego perdemos el 30 %, no nos quedaremos igual que estábamos, sino que perderemos el 9 % de lo que habíamos invertido (y lo mismo ocurre si la pérdida viene antes de la ganancia). Y, si una cadena de grandes almacenes anuncia la venta de ciertos productos con un doble descuento (50 % + 40 %), no deberemos ponernos a discutir si por un objeto cuyo precio inicial era de doscientos euros nos piden en la caja que paguemos sesenta y no veinte, como creíamos (¿o como nos habían hecho creer?). Pues sí: el 30 %, el 50 % y el 40 %, pero ¿sobre qué?

---

[19] Las *ruote* son secciones dentro de la Lotto italiana que adoptan el nombre de ciudades. Entre ellas se encuentra la de Cagliari, pero también están las de Bari, Florencia, Génova, Milán, Nápoles, Palermo, Roma, Turín y Venecia, además de una nacional. *(N. de la T.)*.

El porcentaje no es un número, sino un instrumento que describe la magnitud de una cantidad con respecto a otra, y los valores porcentuales se pueden sumar —o, por decirlo de forma más genérica, operar— si tienen la misma base. Si la base no se ha explicitado y cambia, fácilmente se puede caer en el error. El descuento del 50 % se aplica al precio del objeto, de 200 €, mientras que el descuento del 40 % se aplica al precio ya rebajado al 50 %, por tanto, a 100 €.

El cálculo porcentual surge a finales de la Edad Media, en el contexto mercantil, para indicar el beneficio que se podría obtener de una inversión determinada. Su uso cotidiano queda reflejado en los manuales florentinos de *mercatantìa*, del siglo XV; Luca Pacioli lo enalteció en sus tratados de contabilidad. Al ser el porcentaje una fracción con denominador 100, para agilizar su escritura, el signo de «dividido por» con los dos «0» se convirtió en el símbolo «%». Lo encontramos como tipo de imprenta a mediados del siglo XVII, siempre en el ámbito comercial, pero en ediciones inglesas: la primacía del comercio ya había abandonado Italia… Así pues, se trata de un cómodo invento que evoluciona en un campo de las matemáticas aplicadas al lucro, con todas las tentaciones de hacer trampas que ello conlleva. De hecho, los antiguos manuales italianos advertían al lector de que el valor neto final de un porcentaje no es en absoluto igual al valor neto del mismo porcentaje calculado sobre una cantidad diferente. ¿Era esto algo obvio? Evidentemente no tanto, si había que poner sobre aviso al aprendiz de comerciante (o sugerir entre líneas el posible engaño…). Más resbaladizo aún es el uso del porcentaje en economía, cuando nos aventuramos a hacer previsiones, tal como sucede en el bar donde, con la ayuda de una copa de vino, un amigo quiere convencerte de que el bitcóin es una magnífica inversión. Al mostrarte sus últimos movimientos, tu amigo hace un balance; en cambio, al argumentar su rendimiento futuro, hace un presupuesto. Es decir, basándose en los éxitos anteriores, fija objetivos e indica tiempos y modalidades para lograrlos.

En economía, de lo que más se abusa es de los datos porcentuales, precisamente para exponer modelos de éxito a través de una comparación inadecuada entre un dato porcentual consolidado (por ejemplo, «en los últimos doce meses esta inversión ha rentado un $x\%$») y una probabilidad («si seguimos así y hacemos esto, mantendremos o mejoraremos la rentabilidad»). Los porcentajes también permiten entender las artimañas matemáticas que se usan en finanzas con las que se puede llegar a controlar varias sociedades si se posee una participación mayoritaria (más del 50 %) solo de una (el sistema de las cajas chinas). Si un sujeto posee el 52 % de la sociedad A, que a su vez posee el 51 % de la sociedad B, que posee el 51 % de C, que posee el 51 % de D, el sujeto solo posee el 7 % de esta última. Sin embargo, logra controlar D a pesar de no poseer una participación mayoritaria de dicha sociedad. Por otra parte, también se abusa de los porcentajes en el ámbito comercial, casi siempre confundiendo o evitando aclarar la base del porcentaje en cuestión. Por ejemplo, ¿qué quiere decir que la pasta de dientes A es un 20 % más eficaz que las de la competencia a la hora de combatir las caries? ¿O que la compañía B te ahorra hasta el 50 % en el seguro de tu coche? ¡No os fieis de los porcentajes! Incluso cuando no se usan con malicia, son potencialmente engañosos. En la segunda vuelta de las elecciones presidenciales francesas de 2017, el candidato Macron logró el 66,1 % de los votos; por tanto, fue elegido por dos tercios de los franceses. Más que engañosa, esta conclusión es incorrecta. Solo el 74,6 % de quienes tenían derecho a voto se había acercado a las urnas, y solo el 65,9 % había entregado un voto válido por uno de los dos candidatos. Así pues, bastante menos de la mitad de los franceses se había decantado por el elegido.

Existe una rama —¡muy seria!— de las matemáticas que se dedica a los métodos para calcular, no lo que ha ocurrido, sino lo que podría ocurrir. Sí: son las matemáticas actuariales. Se trata de una operación mental atávica. Por ejemplo, ¿cuál es el mejor momento para salir de la guarida para comer, con el mínimo riesgo de ser comido? Con menos dramatismo y más análisis, esta operación la lleva a cabo cualquiera que se pregunte: si el cielo está cubierto de nubes grises, ¿merece la pena llevar un incómodo paraguas? Si sabemos por experiencia que, en ese lugar, en esa estación, ese tono de gris presagia lluvia, entonces nos molestaremos en llevar el paraguas; aun así, nos gustaría que el cielo se despejase. Este razonamiento atávico fue desarrollado matemáticamente en Génova en el siglo XIII para cuantificar el riesgo en términos monetarios. «E son palanche!» («¡Son blancas!»), diría el actor Gilberto Govi, queriendo decir con ello: «Esto es serio».

De hecho, los financiadores de una expedición comercial calculaban qué probabilidades había de que esta llegara a buen puerto, con su consecuente ganancia. En cambio, si la expedición salía mal, ¿qué podían hacer para garantizarse al menos un reembolso? El razonamiento surgió en forma de apuesta: ¿quién apostaría por el éxito a pesar de las tormentas, los piratas, etc.? A la cantidad apostada por parte de quien hubiera confiado en el éxito se la llamó premio; en cambio, si las cosas no hubieran ido bien, al desafortunado ganador de la apuesta se le pagaría una indemnización. Tal juego de azar —que es lo que en definitiva era— fue redactado como acta notarial, con cifras expresadas siguiendo la nueva y eficaz notación introducida por Fibonacci. Así es como nace la póliza de seguro. Los apostadores avalistas querían igualmente tener cierto margen de probabilidad a su favor; así que, para determinar el importe de la prima —pequeño, comparado con el considerable desembolso en caso de siniestro—, los contables tenían que apuntar todo tipo de informaciones relacionadas con la iniciativa: las condiciones del barco, la experiencia de la tripulación, la ruta, los vientos y corrientes, el valor del cargamento, etc. Por tanto, los datos eran dispares, poco congruentes y dependientes de la consistencia de las series históricas de eventos similares. Para que estos datos se formalizasen se requerían descripciones estadísticas, cálculo de probabilidades y usos complejos del porcentaje. Cuantos más datos se posean con los que se pueda operar matemáticamente, mejor será el análisis del riesgo. La información es poder, y la información numérica lo es más, y, además, resulta convincente, justo porque las matemáticas no son opinables. No obstante, justo en la doblez de esas cifras y fórmulas, y en el atractivo de la jugada, se esconden las vías por las cuales, al tratarse de un juego de azar, el banco siempre gana. Hacía mucho tiempo que se sabía bien que, con los números, con las diferentes unidades de medida, con las tablas de conversión, etc., se podía engañar al prójimo. En el siglo XV, fueron la sofisticación de los instrumentos contables (como la partida doble, por ejemplo) y del cálculo de probabilidades los que pusieron en alerta al mundo financiero. Lo advirtió claramente el comerciante dálmata Benedetto Cotrugli a mediados del siglo XV, al hablar de lo que hoy día llamaríamos la «burbuja especulativa». *Speculatio* viene de *speculum*, un objeto engañoso, que distorsiona la imagen real, en el que anidan la vanidad de la cortesana y la tentación diabólica de la avaricia («Espejito, espejito mágico…»).

Entre los matemáticos modernos que hicieron aportaciones de incalculable valor científico a este tema, se encuentra Leo Perutz (1882-1957), quizá más conocido como autor de literatura fantástica que roza el surrealismo. Para calcular el valor de una vida humana en un seguro se usa la que se conoce como «fórmula de equivalencia de Perutz». La gran vena imaginativa de este novelista austriaco era perfectamente compatible con sus estudios de matemáticas actuariales, ya que estas (a pesar de constituir una rama de las matemáticas aplicadas a problemas materiales y venales) se dirige a lo posible, no a lo real. Las teorías de la probabilidad han elaborado, a lo largo de los últimos cien años, fórmulas complejas para explicar lo que ocurre matemáticamente en juegos sencillos como el cara o cruz, y cada vez en juegos más complicados, como la ruleta o el póquer. Recurriendo al lenguaje común, esas fórmulas hablan de «esperanza». Es un lenguaje franco, difícil de escuchar en boca de los vendedores de fondos de inversión, y menos aún en la de un ministro de Economía.

Así pues, las matemáticas actuariales se pusieron muy de moda a lo largo del siglo XIX, el siglo de los grandes imperios comerciales y de las grandes compañías de seguros. El gusto típicamente británico por las apuestas acompañó la expansión planetaria de las empresas y la recogida de fondos de seguros de lo más dispares, que apelaban más a la avaricia que a la previsión. Multiplicando y extendiendo la praxis aseguradora, la compañía capitalista reducía su propio riesgo (cuantos más clientes tengo, menor es el riesgo de que me arruine), pero sobre todo actuaba como captador de pequeños ahorradores. Se suscribían cláusulas —las tristemente célebres letras pequeñas— a las cuales datos numéricos reales, pero relacionados entre sí de manera engañosa, conferían solo una apariencia de credibilidad. Como resultado, en caso de quiebra, el gestor del fondo de inversión no debe nada, mientras que el ahorrador pierde su capital. El famoso bróker Lewis E. Waterman (1836-1901) se dio cuenta de que, al ofrecer el producto financiero al cliente, si este hubiera tenido el tiempo suficiente de leer con detenimiento el contrato, y si hubiese hecho un par de cálculos, habría descubierto las triquiñuelas. Por tanto, había que acelerar el proceso de obtención de la firma. Waterman inventó la pluma estilográfica moderna. El término inglés *broker* se emplea tanto para referirse a un casamentero como para un agente de seguros. En otras palabras: para un profesional del «crucemos los dedos...».

En las últimas décadas, las modalidades conceptuales propias de las matemáticas actuariales se han dirigido a otros campos y han ido usando algoritmos cada vez más complejos, elaborados por ordenadores. Estos algoritmos se utilizan en la selección de personal para asegurar al empleador frente al riesgo de contratar mano de obra menos productiva de lo que exige el capital (que suele exigir el máximo beneficio, es decir, tiende matemáticamente a un trabajo con coste cero). Así, con criterios análogos a las evaluaciones de riesgo utilizadas para las pólizas de vida, la selección del personal recoge datos muy privados sobre el estilo de vida del candidato. Por ejemplo, en el caso de un candidato válido que tiene la posibilidad de tener hijos (lo que conllevaría ausencias para ocuparse de ellos) o de sufrir accidentes por practicar actividades deportivas, no es que no se le vaya a contratar, pero su salario se verá reducido en proporción a las probabilidades que tenga de generar una menor productividad. Si el candidato es una mujer joven y activa, se le pagará, de modo consecuente y justificado, menos que a un hombre sedentario (las matemáticas no son opinables).

Como ya hemos visto, el uso instrumental y nada neutral de los números se adapta a ciertas disciplinas o ámbitos evaluativos. En ellos, a diferencia de lo que ocurre en las ciencias, el proceso de comprobación de los datos recopilados y la subsiguiente construcción de modelos matemáticos no tienden a establecer leyes que representen la realidad tal como es, sino como querríamos que fuera. En política, sociología, urbanística, etc., con fines que se espera que estén dirigidos al bien público; en economía (si el objetivo es la mera obtención de beneficio), de manera estructuralmente deshonesta. No se trata solo de las modalidades comunicativas usadas para vender un producto financiero. Estas modalidades tienen que ver con técnicas de *marketing*, y son tan antiguas como el lenguaje de los profetas y de los pregoneros. Se trata más bien de proponer el cuento de la esperanza de beneficio como nueva variable de la economía. Es lo que denuncia el premio nobel Robert J. Shiller (1946-) cuando afirma que los esquemas mentales que determinan las decisiones económicas de los individuos son fruto de las historias que se cuentan a sí mismos.[20]

---

[20] Robert J. Shiller, *Euforia irrazionale. Alti e bassi di borsa*, Il Mulino, Bolonia, 2009. [*Exuberancia irracional*, Deusto, Zalla, Vizcaya, 2015].

A lo largo del siglo XX, los economistas habían pedido a los matemáticos que formulasen modelos que confirmasen una construcción ideal fundada en previsiones, probabilidades, esperanzas... Las matemáticas, que se regodeaban en el campo de lo irreal desde hacía siglos, no deberían haberse convertido en cómplices de un procedimiento conceptual, que de científico tenía bien poco, para uso de los economistas. De este riesgo era consciente el matemático, premio nobel de economía en 1973, Wassily Leontief(1906-1999). Este constataba cómo la teoría pura se estaba alejando de la realidad cotidiana. Era preciso comprobar —advertía honestamente— la validez empírica de los postulados en los que se basaba la construcción de los modelos matemáticos, modelos que, como si fueran ídolos, ¡se habían convertido en objeto de veneración por parte de los economistas! Y como objeto de veneración eran propuestos al público de los ahorradores e inversores. La economía ultraliberal se ha ido valiendo de manera progresiva de los números para «llegar a convertirse en una especie de religión», lo cual no es otra cosa que la extensión a sistema de pensamiento, totalizador y no científico, del viejo dogma «las matemáticas no son opinables». Partiendo del concepto de crédito que se remonta al derecho romano (confío en ti porque trabajas bien y por ello me fío de ti al prestarte mi dinero), hemos acabado en el concepto de creer; hemos pasado de la confianza a la fe. Quien no se adhiera a las teorías o las ponga en duda se convierte en un peligroso subversivo, un hereje que puede desvelar la fragilidad de las premisas de dichas teorías y hacer que se derrumbe todo un sistema en el que el beneficio se sostiene mientras todos crean en un modelo matemático concebido adrede, o mientras finjan creer, que viene a ser más o menos lo mismo.

Ya no estamos hablando de números vistos de reojo, sino de una manera retorcida de usar los números.

Miríadas, tropecientos, *fantastillones*

«Los 250 uptillones de imposibilillones de moguillones de dólares que me quedan están a salvo, ya que solo yo conozco la combinación secreta de las siete cerraduras».

TÍO GILITO

«¿Quién puede contar las estrellas del cielo o los granos de la arena que está a la orilla del mar?», se pregunta Salomón, con su proverbial sabiduría. Si el infinito es atribuible al Creador, la innumerabilidad es una cualidad propia de lo creado. Ya desde la Antigüedad, la existencia de una cantidad inimaginablemente grande atormentaba el pensamiento humano. Si en las civilizaciones mediterráneas la pregunta del salmista era tan solo retórica, en la antigua India «acuñar los grandes números era un compromiso tanto científico como religioso».[21] Como ya hemos visto, los pensadores indios disponían del 0; así, un texto sánscrito del siglo IV, el *Lalitavistara Sutra*, dice que a Buda se le desafió a nombrar el número más grande jamás imaginado. Él procedió por múltiplos de cien y llegó a una cantidad que hoy podríamos escribir como 10 ¡seguido de 421 ceros!

---

[21] Alex Bellos, *Il meraviglioso mondo dei numeri*, Einaudi, Turín, 2016.

127

En Occidente, desconocedores aún del cómputo decimal, el número innumerable se mantenía en el ámbito de la especulación teológica. ¿En verdad existía un número así? Algunos pensadores medievales, reflexionando sobre lo que dice la Biblia, se plantearon el siguiente problema, que no es del todo un sofisma: si somos capaces de pensar en un número tan grande, eso significa que, por el hecho mismo de pensarlo, dicho número existe; hemos pensado en el infinito y le hemos atribuido un carácter divino —se dijeron—, pero ¿cómo podemos referirnos a lo innumerable?

Los filósofos nominalistas del siglo XI se quedaron ahí, entre otras cosas, porque les faltaba esa gramática de la cantidad que más tarde, en los siglos venideros, será la aritmética. A Abelardo (1079-1142) le pareció suficiente atribuir el número innumerable a las entidades mentales. Así pues, se trataba para él de un número existente, aun cuando no respondiera a ningún signo gráfico que lo representase, dada la reducida capacidad expresiva de las cifras romanas, pero al cual, sin embargo, se podía dar un nombre. Con las desinencias aumentativas de la palabra *milia* fueron acuñados los términos *milione* y *millanta*, cantidades desproporcionadas...

En el siglo XIII, con la adopción del 0, pensar y, en cierto modo, escribir ese número de lo incontable se hizo, de alguna manera, posible. Paradójicamente, fue la cifra más utilizada en la contabilidad ordinaria, como ya hemos visto, la que permitió a los matemáticos europeos adentrarse en el abismo de lo innumerable: cada vez que se ponía un 0 a la derecha de un número, iba este y se multiplicaba por 10. ¿Y cuántos 0 se pueden poner? Pues, como es obvio, millones, tropecientos ceros...

La suerte quiso que fuera un pisano, Leonardo Fibonacci, quien diera título a las fabulosas memorias de su compañero de prisión, Marco Polo. Rustichello da Pisa llamó al libro que recopiló *Il Milione*,[22] es decir, el libro de las exageraciones, de los despropósitos.

En el siglo XIV, fueron los florentinos los que decidieron poner un límite. «Cada *milione* son mil millares de florines de oro de cambio», afirma Giovanni Villani (1280-1348). El término dejaba a un lado la inconmensurabilidad para convertirse en una cantidad definida, sobre todo, si se hablaba de florines y no de estrellas. Y, hablando de dinero contable, en el francés del siglo XVI encontramos la palabra «millardo», un número grandísimo, es cierto, pero igualmente adecuado para el mundo de las finanzas y, por tanto, definido como un 1 seguido de nueve 0. Es revelador que no apareciera para contar una cantidad existente de riqueza, sino para la deuda pública, una cifra enorme, pero negativa.

En el siglo XV hace su aparición otro término: «miríada». Se trata del nombre del número más grande que los antiguos griegos formalizaron en cifra, con la «M» marcada y con un valor de 10 000. Se le perdió el rastro y volvió a aparecer con la llegada a Occidente de los manuscritos bizantinos. Matteo Boiardo (1441-1494) lo usa correctamente, pero en un contexto fabulístico: «Juntos [los caballeros

---

[22] En español, *Los viajes de Marco Polo* o *El libro de las maravillas*. (*N. de la T.*).

cristianos] asediaron a una miríada, que son *diece miliara di uomini* ["diez mil hombres"]». Sin embargo, pronto pasó a emplearse en el lenguaje poético para indicar un número grande, pero indefinido: «miríadas de estrellas…».

No obstante, décadas más tarde, cuando en lugar de contar las monedas se miraba con nuevos instrumentos al cielo, vuelve a hacer acto de presencia la confusión mental ante lo innumerable (ojo, no frente al infinito).

Galileo Galilei (1564-1642), por ejemplo, sintiendo la necesidad de un término numérico para poder hablar del orden de magnitud al que se asomaba la moderna astronomía, confesaba: «Me parece que, debido a la aprensión a los números, en cuanto comenzamos a superar aquellos miles de millones, la imaginación se confunde y ni siquiera puede formular ideas».[23]

«Millón» y «millardo» ya se habían codificado como un 1 seguido de un cierto número de 0. En definitiva, números pequeños que incluso los banqueros podían entender. Quedaba la palabra *millanta* (que en español podríamos traducir como «tropecientos») para referirse a una cantidad despropositada, incierta y en cierto modo fantástica. Nos lo encontramos cuando Boccaccio le hace preguntar al tonto Calandrino a qué distancia está el maravilloso e inexistente pueblo de Bengodi: «¿A cuántas millas está?». A lo que el sabio Tommaso responde: «A más de *millanta…*,

---

[23] Galileo Galilei, *Dialogo sopra i massimi sistemi* [*Diálogo sobre los sistemas máximos*], jornada tercera.

¡la noche entera canta!». *Millanta* se utilizaba en acepción burlesca y fraudulenta; de ahí el verbo *millantare*, que en italiano se sigue usando para presumir de un crédito inexistente. Y en la literatura fabulística se aceptó la palabra —hoy en día en desuso— *milantanni*, para referirse a un tiempo innumerable.[24]

Mientras tanto, la física estaba explorando el macrocosmos y el microcosmos; y, para hablar en términos matemáticos de las magnitudes que manejaba, volvía a surgir la necesidad de un número que no fuera simplemente fabuloso. Sin embargo, a lo largo del siglo XIX, cuando las ciencias exactas estaban codificando sus leyes, al pensamiento positivista le parecieron inútiles, incluso peligrosos, conceptos como «infinito» e «innumerable». Las ciencias tenían que dirigirse hacia lo cuantificable, más allá de lo cual se podría caer en la metafísica.

Pocas décadas más tarde, Albert Einstein y Niels Bohr (1885-1962) romperían las certezas del pensamiento científico que hasta entonces se había venido consolidando. Incluso el número innumerable habría podido entrar en el lenguaje formal de las matemáticas de pleno derecho, ¡si hubiera sido posible escribirlo! Los matemáticos del siglo XX se enfrentaron a esta hazaña. Y fueron mucho más allá de lo que realmente necesitaban los físicos.

En los años veinte del pasado siglo, Edward Kasner (1878-1955), un matemático de la Universidad de Columbia de Nueva York, estaba estudiando los aspectos geométricos de la teoría de la relatividad. Al parecer, durante una

---

[24] Giovanni Boccaccio, *Decamerón*, jornada VIII, canto III.

excursión con sus estudiantes y con dos sobrinitos que estudiaban primaria, anunció que había formalizado el número de lo innumerable con la cifra 10 elevada a la centésima potencia. Era un número fantásticamente grande. Entonces, el pequeño Milton, de nueve años, al escuchar la explicación de su tío, exclamó: «¡Gúgol!». Esta expresión formaba parte de la jerga juvenil y se usaba para enfatizar cualquier cosa que fuera formidable, excepcional, fantástica e hiperbólica. Tanto le gustó al tío Edward que se convirtió en el nombre de este número tan grande y difícil de imaginar. Kasner la utilizó en su obra, que, con el significativo título de *Matemáticas e imaginación*, publicó en 1940. A Edward Kasner se debe también el nombre del múltiplo de gúgol, *gúgolplex*.

Gúgol es, por tanto, un número grande, inimaginablemente grande. Es fácil de escribir en su forma exponencial: 10^{100}, una manera extremadamente compacta y cómoda para representar los números muy grandes (y, con la ayuda de un simple menos, también los muy pequeños: 10^{-100}). Con un mínimo esfuerzo, un gúgol se puede escribir también en forma expandida como un 1 seguido de cien 0. También en su forma exponencial se puede leer fácilmente; sin embargo, en la forma expandida, podemos correr el riesgo de perder la cuenta de las veces que hay que utilizar el término «millardos» («mil millones») en «diez millardos de millardos de millardos de millardos de…» (diez mil millones de millones de millones de millones de…). En cualquier caso, no podemos apreciar sus dimensiones: nos faltan los términos de comparación. De hecho, ya a nivel de un gúgol, nos enfrentamos a un número que supera muchas de las magnitudes que describen el universo que conocemos, que es lo más grande de lo que disponemos. Nuestra galaxia está constituida por unos cientos de miles de millones de estrellas. En notación exponencial, unas 10^{11} estrellas. Quizá Salomón se sentiría decepcionado por la pequeñez de la formalización numérica en comparación con el cielo estrellado que contemplaba en las pendientes del Galaad...

La masa de nuestro Sol, una de esas estrellas, es de 2×10^{33} g (en comparación, un kilo de patatas pesa 10^3 g y el portaaviones Reagan 10^{12} g). Usando el Sol como masa estelar media, obtenemos que la masa (visible) de nuestra galaxia es, por tanto, de unos 10^{45} g. En el universo hay unos cientos de miles de millones de galaxias, un número comparable al número de estrellas que contiene nuestra galaxia. Así pues, hemos juntado algo así como 10^{56} o 10^{57} g de materia. Esta materia está constituida fundamentalmente por bariones (protones y neutrones) unidos en los núcleos de los átomos de hidrógeno, de uranio y de otros muchos elementos más que componen nuestro universo. En el cálculo de la masa, los electrones, que pesan alrededor de dos milésimas partes de los nucleones (los protones y neutrones de arriba), pueden ser tranquilamente pasados por alto. Por último, recordando que la masa de un protón (y de un neutrón) es de $1,7 \times 10^{-24}$ g, obtenemos que el número de bariones presentes en el universo es del orden de 10^{80}. Un número enorme: ¡todos los protones del universo! Pero todavía mucho, pero que mucho más pequeño que un gúgol; una centésima de la millonésima de la millonésima de la millonésima parte de un gúgol, para ser exactos. Los neutrinos y fotones están presentes en mayor número, pero también su número es muchísimo más pequeño que un gúgol.

Para superar un gúgol tenemos que recurrir al contenedor más grande que conocemos y a la parte más pequeña de este que podamos considerar. La longitud más pequeña que tiene algún sentido en física es la longitud de Planck. Su valor es de $1,6 \times 10^{-33}$ cm. Así pues, en un centímetro cúbico hay $2,5 \times 10^{98}$ cubos cuyo lado mide una longitud de Planck (ni la décima parte de un gúgol). Por tanto, en todo el universo, que tiene un radio del orden de unos 10^{28} cm, hay unos 10^{184} cubos de Planck. Por fin hemos superado un gúgol, ¡y con creces! Este número —el número de cubos de Planck que puede contener el universo— es quizá el número más grande que puede encontrar su equivalente en el mundo físico. También el matemático polaco Ladislao H. Steinhaus (1887-1972) trató de concebir un número desmesurado, aunque en cierta forma relacionado con una entidad física. A finales de los años setenta acuñó el término «megistón», cuyo símbolo es la cifra 10 inscrita en un circulito. El megistón podría cuantificar el número de electrones que podrían existir a lo largo de la vida entera del universo. No obstante, la vida del universo es calculable —de principio a fin—, como mucho, de manera aproximada. Las bases teóricas del megistón eran demasiado frágiles, pero ¡habrían hecho las delicias de nuestros filósofos medievales!

Si ahora renunciamos a la asociación con una magnitud física y nos quedamos en el ámbito de la abstracción matemática, conoceremos algunos números primos de Mersenne[25] que superan el gúgol, comenzando por $2^{521}-1$, que se compone de 157 cifras, y terminando con $2^{82589933}-1$, que tiene unos 25 millones de dígitos y que, creemos, sigue siendo el más grande de los primos de Mersenne conocidos. No obstante, seguro que en el futuro se descubren otros más grandes. Pues bien, hemos superado un gúgol, pero siguen siendo números pequeños en comparación con un gúgolplex.

De hecho, un gúgolplex equivale a $10^{\text{gúgol}}$ y solo se puede escribir con la notación exponencial. Un gúgol, que equivale a 10^{100}, también puede escribirse como $10^{10^{\wedge}2}$. Y el número de cubos de Planck que el universo puede contener se puede escribir asimismo como $10^{10^{\wedge}2,27}$. ¡En cambio, un gúgolplex es $10^{10^{\wedge}100}$! No solo no hay papel ni tinta suficiente, sino tampoco espacio ni tiempo para escribir

[25] Los números primos de Mersenne son aquellos números primos inferiores a una unidad con potencia de 2. Por tanto, son expresables como $M_n = 2^n - 1$, siendo n un número entero positivo y primo. No todos los números «n» primos dan lugar a un primo de Mersenne. Así, $2^{11}-1$, por ejemplo, no es un número primo.

un gúgolplex de manera expandida. Incluso escribiendo cada una de sus cifras con caracteres tan pequeños que cupieran en un cubo de Planck, no nos bastaría siquiera el universo entero, que, como hemos visto, contiene como mucho el espacio para escribir las primeras 10^{184} cifras. ¡Pero deberíamos escribir muchas más cifras! Por su parte, un gúgolplex, aun siendo 10^{98} veces más grande que un gúgol, se vuelve un número pequeño, casi irrelevante, si se compara con el que se considera el número más grande jamás utilizado en una demostración matemática y que se conoce como G, el número de Graham.

Ronald L. Graham (1935-2020) fue teórico de la geometría computacional, rama de la informática que ha encontrado aplicaciones prácticas en robótica, en los sistemas de información geográfica (GIS), etc. No es casualidad que Graham fuera un matemático que dedicó su investigación a los aspectos geométricos de lo innumerable, como su predecesor teórico: Kasner. El número de Graham, cuya cantidad de cifras no conocemos, no puede escribirse fácilmente ni siquiera utilizando la notación exponencial, y es necesario recurrir a nuevas notaciones como la tetración y sucesivas iteraciones exponenciales que continúan la progresión: suma - multiplicación - potenciación - tetración y así sucesivamente. La tetración se representa por dos operadores ↑ comprendidos entre los factores. Se trata de una notación concebida por el informático Donald Knuth (1938-) para escribir números muy grandes, números que sería imposible plasmar en cifras, tanto en la notación normal como en la exponencial. Las iteraciones sucesivas se indican por un número creciente de operadores $\uparrow$.

Por tanto, definimos $3\uparrow3 = 3\char`^3 = 3 \times 3 \times 3$. Luego $3\uparrow\uparrow3 = 3\uparrow$ $(3\uparrow3)$ (es decir, $3\char`^3\char`^3$) y $3\uparrow\uparrow\uparrow3 = 3\uparrow\uparrow$ $(3\uparrow\uparrow3)$, que equivale a $(3\char`^3\char`^3) \char`^ (3\char`^3\char`^3) \char`^ (3\char`^3\char`^3)$.

Finalmente, $3\uparrow\uparrow\uparrow\uparrow3 = 3\uparrow\uparrow\uparrow$ $(3\uparrow\uparrow\uparrow3)$. Este es el punto de partida para llegar al número de Graham y lo llamaremos $g1$. El segundo paso será $g2 = 3\uparrow\uparrow...\uparrow\uparrow3$, donde esta vez el número de operadores $\uparrow$ es igual a $g1$.

Y así en adelante. Si seguimos la progresión hasta el nivel sesenta y cuatro llegamos a $g64 = G$, el número de Graham, un número evidentemente inimaginable.

Por supuesto, es posible, e incluso fácil, concebir operaciones que conduzcan a números aún más grandes: vamos desde un simple +1 a una iteración exponencial de términos incluso mayor que la que define el número de Graham ($g65$, por ejemplo), o compuesta por factores mayores (usando, por ejemplo, el 4 en lugar del 3). Pero no es este el quid de la cuestión. La cuestión es encontrar números que tengan una utilidad, un significado particular, números que resulten de una demostración, de un proceso lógico mental, o que no sean expresables en términos de números más pequeños, tal como sucede con los números primos. En este sentido, tanto un gúgol como un gúgolplex son solo potencias de 10 a las que se les ha dado un nombre que se ha implantado muy bien y que aparece en diccionarios, enciclopedias, textos y tratados. Sin embargo, el número de Graham es una limitación superior (pero no necesariamente la más pequeña) del «número más pequeño de dimensiones necesarias» para tener algunas propiedades del hipercubo. El hipercubo es una forma geométrica regular con cuatro dimensiones espaciales o más. Es por este motivo por el que al número de Graham se le reconoció, después de 1975, el estatus de número más grande de aquellos que presumen de algún significado.

El hipercubo, sí, una vez más geometría; pero una geometría que hace que la mente vuele a ámbitos más fantasiosos y menos académicos. ¿Sabéis cómo se ha calculado la riqueza del Tío Gilito? Con un hexeracto, es decir, un hipercubo de seis dimensiones. Tal sería el volumen del dinero del pato más rico del mundo. Este apunte no es solo una manera de hacer más digerible un relato un poco indigesto, el de la idea del número innumerable. En los años cincuenta del siglo XX, Carl Barks (1901-2000), el creador de Uncle Scrooge, nuestro Tío Gilito, había intentado cuantificar los dólares de su personaje recurriendo a un imaginativo léxico numérico: «Five billion quintiplion unptuplatillion multuplatillion impossibidillion fantasticatrillion $». En inglés *billion* —que proviene de un término francés empleado en el siglo XVI— indica nuestro millardo (mil millones), y de él derivan los cálculos inventados por Barks. No eran más que nombres inverosímiles para un número exagerado, como el antiguo *milione* o *millanta* de las fábulas del siglo XIV. Don Rosa

(1951-), autor de Disney encargado del mundo de Duck-burg (nuestro Patoburgo), inventó entonces un término más pertinente para la tecnología informática, los *fusomi-llones*, unas cifras tan grandes que fundirían los circuitos de los ordenadores. Pero, como Gilito es hipercapitalista, ¡solo una cuantificación hipercúbica podía adaptarse a su innumerable riqueza! Se necesitaba el salto conceptual de Graham.

Una curiosidad relacionada con el número de Graham: no se conocen sus primeras cifras, y es razonable pensar que nunca las conoceremos, ya que las cifras se calcu-lan desde el final; pero, ojo, ¡decir «nunca» en ciencia es muy arriesgado! Sí que se conocen, en cambio, sus úl-timas cifras: se han calculado las últimas quinientas, y su número sigue creciendo. Pues bien, G, que no es más que una secuencia inmensa de multiplicaciones del número 3, ¡termina en 7! Finalmente, para poner en perspectiva también el número de Graham, no olvidemos que sus múltiples cifras son una nimiedad comparadas con las in-finitas que describen la relación entre la longitud de una circunferencia y su diámetro, o la relación entre la longi-tud de la diagonal de un cuadrado y su lado, aunque en esos casos estemos hablando de cifras detrás de la coma, que, por tanto, no varían sensiblemente la magnitud del número.

Aun así, incluso cuando hablamos de infinitos, hay que recordar que los hay más grandes y más pequeños. Llega-dos a este punto, ¿qué podría preguntarse Salomón, con su proverbial sabiduría?, «¿quién puede contar las cifras del número de Graham?».

Como bien hemos dicho, los números excesivos no nos competen. Pero nos tientan.

Infinito

«Todo número es cero ante el infinito».
(VICTOR HUGO, 1802-1885)

El *infinito* es un concepto con el que muchos de nosotros, hoy día, creemos estar familiarizados. Quizá por habernos cruzado ya con él en el colegio. Nos lo presentaron cuando nos hacían contar los números naturales, que son los más intuitivos. Siempre puedes decir «más uno», y entonces no terminan nunca, se vuelven cada vez más grandes y son infinitos. Sin embargo, el infinito no es un número grande, y cualquier número, por grande que sea (como el número de Graham del capítulo anterior), es pequeño comparado con él. Después nos encontramos con un segundo infinito, de diversa índole, cuando nos enseñaron que existen los números reales. En este caso, los números no se vuelven cada vez más grandes, sino que más bien nunca acaban de definirse y hace falta un número infinito de cifras para caracterizarlos. Ello es como decir que no pueden ser caracterizados con exactitud: los conocemos solo de manera aproximada, como π o la raíz cuadrada de 2 que hemos visto anteriormente. Por tanto, al haberlo visto un montón de veces, el concepto de infinito nos parece familiar. Creemos que lo hemos entendido. Pero ¿de verdad lo hemos entendido? ¿Se puede entender?

141

En cualquier caso, hay que encontrar una solución si —habiendo acordado hablar de números— dedicamos un capítulo, aunque sea el último, a un no-número. Es algo así como si en un catálogo de relojes quisiéramos hablar de la eternidad.

Lo que viene a continuación es una solución un poco ingenua: no engañaría ni al mono de laboratorio que sale primero al escenario para contar cómo nace el concepto de número. Quizá pueda entretener a la hora de tratar de resolver un acertijo, pero no por mucho tiempo. Comencemos, por tanto, por el número 8. La forma con que se le simboliza en la convención gráfica actual partió curiosamente de un signo que en la notación india brahmi (circa s. IV a. C.) se parece al 4. Más de mil años después, en la notación árabe occidental, el número 8 es dibujado como un reloj de arena; un par de siglos más tarde entrará en Europa con la sinuosa forma que conocemos, adoptada siguiendo el procedimiento que en paleografía se conoce como *ductus manus*, el movimiento que hace la mano al trazar el signo. Con el lápiz o con la pluma, el número ocho adopta esa bella forma que entrelaza dos circulitos. Es el único —junto con el 0, que se dibuja con un círculo— que no rompe el trazo y que se puede repasar varias veces con un movimiento continuo. En las notaciones de Extremo Oriente, la cantidad ocho se representa de una manera completamente distinta, así que es una simple coincidencia que en el Japón arcaico nuestro número 8 indicara lo innumerable… Pues eso, giremos el signo 90°, tumbémoslo, y obtendremos el símbolo con el que se expresa la magnitud «infinito». Y aquí termina la solución.

Se trata de un signo que nace en pleno siglo XVII, en un contexto específico matemático. Al parecer, se le ocurrió a su inventor, John Wallis (1616-1703), a partir del antiguo símbolo mágico del uróboros, la serpiente que se come la cola. Es una anécdota sugerente y no infundada que dice mucho de las continuas trampas (teológicas, místicas, esotéricas, etc.) que envuelven en sus espiras el concepto matemático de infinito. Si el afortunado grafema no fuera fácil de trazar y no recordara inmediatamente algo circular, la alusión a la serpiente mágica no habría bastado para garantizar el éxito del símbolo ∞.

Nuestra intención al hablar del infinito es tratar de sortear tales trampas y limitar el análisis al infinito matemático. No hay certezas de que el físico exista; más bien lo contrario. Elegid un número cualquiera. Podéis dividirlo por dos, y así una y otra vez, infinitas veces. Siempre será un número, pequeño (infinitesimal), pero real. Coged un grano de sal. Podéis dividirlo por dos, y luego otra vez por dos, y otra vez más. Sin embargo, al cabo de un tiempo, os encontraréis con una única molécula de cloruro de sodio: NaCl. En la siguiente división, romperéis el enlace molecular, y ya no tendréis sal, sino un ion de sodio y otro de cloro. Si seguís así, descompondréis los iones en sus distintos componentes: protones, neutrones y electrones. Por último, dividiréis los protones y neutrones en los cuarks que los componen y en finales partículas subnucleares. Luego tendréis que parar. No se puede dividir la materia infinitas veces.

En la historia milenaria de la elaboración del concepto de infinito, las implicaciones que hoy en día nos parecen ajenas a las matemáticas no eran percibidas como tales por los que se enfrentaban a ello. A menudo partían de premisas especulativas. En ese caso usaban una terminología extraída de diferentes disciplinas. Ese lenguaje fantasioso siguió en uso incluso cuando la formalización matemática de las reflexiones sobre el infinito se concretó. Por otra parte, también el lenguaje moderno de los físicos echa mano sugestivamente de otros campos, sin perder nada de su propio aspecto científico. Así, por ejemplo, hablamos de bariones encantados, de luz cansada, de singularidades desnudas, etc.

En otros casos, los pensadores partían de premisas matemáticas correctamente consolidadas, aunque la finalidad de la argumentación fuera de otra índole. Estos casos resultan difíciles de explicar, ya que el esfuerzo conceptual —que manaba de mentes poderosas— conducía a ámbitos visionarios y pulsiones místicas, pese a que adoptaran un lenguaje matemático absolutamente coherente. Por otro lado, es el sujeto mismo de estudio, el infinito, el que lleva a confusión. Nuestra historia (que no es más que un reflejo desenfocado) deberá mantenerse bien amarrada a los límites cerebrales del pensamiento humano para no confundirnos, es decir, deberán imponerse límites para hablar de lo que no tiene límites.

La primera evidencia que tenemos de un discurso matemático sobre el infinito se remonta a mediados del primer milenio a. C., a las tierras subhimalayas, donde se desarrolló el pensamiento jainista, una especie de religión védica simplificada desde el punto de vista litúrgico y con tendencia a la abstracción. Según Gheverghese Joseph, fue el estudio de los grandes números el que «llevó a los jainas a elaborar un concepto de "infinito" que, aun sin ser preciso desde un punto de vista matemático, no era para nada ingenuo».[26] Para los jainistas, todos los números se podían clasificar en tres grupos: numerables (de los mínimos a los máximos), no numerables (como los números que nosotros llamaríamos irracionales) e infinitos. En la literatura jainista se desarrollan cinco tipos distintos de infinito: infinito en una dirección, infinito en dos direcciones, infinito en la superficie, infinito por todas partes e infinito eternamente. En ello se aprecian cuestiones que volverán a plantearse durante siglos en las matemáticas occidentales: una semirrecta tiene un punto de partida, pero no tiene fin; una línea recta no tiene ni principio ni fin; el espacio plano bidimensional no tiene ni fin ni bordes, como tampoco los tiene el tridimensional; el espacio pluridimensional no está excluido desde un punto de vista matemático, y, por último, el tiempo no tiene ni principio ni fin (aunque de esto ya no estamos tan seguros…).

Se trata de un pensamiento revolucionario en muchos sentidos y que se desarrolló en los textos canónicos jainistas a lo largo de cuatro siglos, pero que quedó relegado a un contexto especulativo elitista y geográficamente limi-

---

[26] G. G. Joseph, *op. cit.*, pág. 249.

tado, ya que el jainismo no es una religión que busque prosélitos. «Los matemáticos jainistas fueron los primeros en descartar la idea de que todos los infinitos fueran los mismos e iguales, idea generalmente aceptada en Europa hasta la obra de Georg Cantor en el siglo XIX» (G. G. Joseph).

Volveremos a encontrar los esclarecedores avances jainistas cuando hablemos de este matemático (Georg Cantor), sobre todo, en relación con el concepto de número transfinito. Pero, por muy rápido y de reojo que miremos al abismo, el recorrido sigue siendo largo, impracticable y tortuoso; y una vez más demuestra cómo a lo largo de su historia el pensamiento humano ha escalado varias veces los mismos senderos y ha vuelto rodando hacia atrás por falta de indicaciones o por haber ignorado lo que se dejaba entrever a la vuelta de la esquina…

En los mismos siglos en los que el pensamiento matemático jainista no teme abordar el infinito, el pensamiento griego —con todo el peso que después tendrá en la historia de Occidente— se acerca y luego se retira. En un primer momento, se retira con miedo o rechazo, probablemente por una inicial falta de premisas ideológicas (que, sin embargo, sí que estaban presentes en la filosofía védica); más tarde lo hace por elección. Anaximandro (ss. VII-VI a. C.), contemporáneo al nacimiento del jainismo, acuña el concepto de *ápeiron* —lo que no se puede circunscribir y no tiene límite—, pero lo hace como cartógrafo, con una finalidad práctica.

Más tarde, los pitagóricos fueron conscientes de que una recta (pero también un segmento) está compuesta por infinitos puntos. Aun así —se preguntan—, está claro que un segmento tiene una longitud menor que una recta (está contenido varias veces en ella…). Si los puntos son infinitos en una y en otro, entonces el infinito no es conmensurable. Por tanto, es ajeno al orden matemático de la realidad. Para los pitagóricos, la idea de infinito era casi un pensamiento ocioso, introducido en la mente por un mal demonio.

Se dice que Anaxágoras (s. v a. C.) volvió a acercarse al reconocimiento del infinito, no solo en lo infinitamente pequeño (los puntos), a través del procedimiento de subdivisión, sino también en lo infinitamente grande, por extensión. Sin embargo, ni la formalización matemática ni la representación geométrica ayudan a comprender el infinito. ¿Y cómo es posible contener en sí lo que por definición es incomprensible? Anaxágoras fue un verdadero librepensador: no negaba el concepto de infinito, sino que veía más bien la incapacidad instrumental para enfrentarse a él.

Para superar el *impasse* teórico intervino, un siglo más tarde, Aristóteles (384-322 a. C.), el gran ordenador, la *auctoritas* por antonomasia. El infinito —afirmaba— puede ser solo «en potencia», no en acto. Y lo que es en potencia, en devenir, y no es medible, no existe. Ni en física, que es el mundo real, ni en matemáticas, que se ocupa de dicho mundo para conceptualizarlo. De Aristóteles en adelante, a los matemáticos les pareció que inventar un símbolo (∞) que valiera infinito era una auténtica tontería, sobre todo, se lo pareció a los matemáticos de la época helenística, que no disponían de una simbología autónoma ni siquiera en lo operable, pero que sí tenían una lengua versátil. Arquímedes (s. III a. C.) y probablemente Eudoxo (s. IV a. C.) antes que él intentaron llevar a cabo una refutación geométrica al rechazo aristotélico al infinito. Era una refutación basada en la inconmensurabilidad, que es un concepto diferente, si bien afín, del de infinito. Por tanto, el lenguaje de Arquímedes recurrió a la topología: en su argumentación habla de «límites», «trazos», «áreas», etc. En cuanto Euclides (ss. IV-III a. C.) definió la materia y las propiedades de la geometría, el infinito matemático desapareció de escena. En los siglos de la era cristiana, fue Teón de Alejandría (s. IV) quien difundió a Euclides, que no será divulgado en latín hasta principios del siglo XIII. Durante más de mil años, el concepto se convirtió en gloria y tormento para filósofos, teólogos, místicos y poetas.

Sin embargo, en el ámbito islámico sí podía darse un acercamiento más calmado, no condicionado por el pensamiento griego: es lo que ocurrió en una remota provincia de Anatolia en pleno siglo IX, uno de los más retrógrados para el Occidente cristiano. Thábit ibn Qurra (segunda mitad del siglo IX), al examinar cuestiones de aritmética y contabilidad, propuso —como hará Georg Cantor (1845-1918) mil años después— que se pudieran contemplar distintos infinitos, diferentes entre sí precisamente por su tamaño, ¡y no hablaba de filosofía! Por desgracia, aquellos dos mundos culturales eran por aquel entonces impermeables entre sí.

En el siglo XIII, el rechazo que había manifestado Aristóteles comenzó a convertirse en el del magisterio de la Iglesia. Tomás de Aquino (1225-1274) tomó en consideración el infinito actual como el límite que el Creador se pone libremente a sí mismo en la creación; por tanto, si no existen creaciones infinitas, tampoco puede haber un pensamiento matemático que se dirija a ellas.

Tomás de Aquino tenía en mente solo números naturales; aquellos diferentes a los naturales no solo eran poco concebibles para el filósofo dominico, sino casi blasfemos. Al franciscano Roger Bacon (ca. 1214-1292) tal vez le habría gustado desmentir a los tomistas, pero, una vez probado el equipotencial de dos segmentos distintos, también él tuvo que concluir que el infinito actual es lógicamente imposible en matemáticas.

Habrá que esperar a la Baja Edad Media para encontrar pensadores que se enfrenten al tabú del infinito como tema matemático. Lo hacen Ockham (ca. 1285-1347) y otros al poner en duda que la recta sea un *continuum* de puntos, e incluso llegan a negar que el punto mismo pudiera considerarse una entidad matemática. Fue el punto de partida, valga la redundancia, para abordar el infinito desvinculándose de metáforas geométricas, es decir, de algo vagamente representable. En tal caso, a los pensadores de la época solo les quedaban las herramientas conceptuales de derivación nominalista. Nicolás de Autrecourt (1299-1369) intentó recurrir a ellas, afirmando que el continuo estaba compuesto por infinitos indivisibles, lo cual se puede afirmar —sostenía—, pero no demostrar a través de un procedimiento, ya que habría que repetir divisiones y divisiones infinitas veces. Por supuesto, le faltaban las calculadoras electrónicas, codificables para operar infinitamente (¡de haber tenido una, no habría rechazado el comando por ilógico!), y más aún el instrumento conceptual del cálculo infinitesimal.

En la rica literatura que nos narra cómo los pensadores de siglos pasados —¡hasta el siglo XIX!— se enfrentaron al problema del infinito, a menudo se advierte una honesta cautela. Es un relato que pende de un hilo, ya que el tema a tratar, como advertíamos al principio, escapa continuamente a la categoría matemática tal como la entendemos hoy día. A los autores del pasado no les importaba demasiado si mezclaban la investigación teológica con la física y las matemáticas; pero después se daban cuenta de las contradicciones a las que llevaba un discurso unitario sobre el infinito. Es en estos tropiezos conceptuales donde hay que buscar el débil hilo del razonamiento matemático en sentido estricto sobre el infinito. Quienes, como John Locke (1632-1704), razonaron sobre el intelecto humano se esforzaron por hallar en el número «el concepto más adecuado para entender la naturaleza del infinito, y para llegar al fondo de aquel confuso cúmulo de elementos al que el infinito nos arrastra y en el que la mente, desprovista de otros medios adecuados, acaba por perderse».[27] Más que

[27] Paolo Zellini, *La matematica degli dèi e gli algoritmi degli uomini*, Adelphi, Milán, 2016. [*Las matemáticas de los dioses y los algoritmos de los hombres*, traducción de Mercedes Corral, Siruela, Madrid, 2019].

un razonamiento, era una inquietud que tendía lo máximo posible hacia una formalización expresiva, que pedía ayuda a los matemáticos para que encontraran los signos adecuados para argumentar, o incluso para demostrar.

El debate entre Newton y Lcibniz (o, mejor dicho, entre los seguidores de uno y otro) en torno al cálculo diferencial revela todo el esfuerzo del pensamiento matemático puro por desvincularse de implicaciones filosóficas. Los resultados operativos, desde el siglo XVIII en adelante, fueron más allá de los propósitos místicos que habían animado a los dos grandes matemáticos. Un ejemplo de ello lo encontramos en el capítulo titulado «Dell'infinitesimo, e dell'infinito» (De lo infinitesimal y de lo infinito) que Giulio Carlo Fagnano (1682-1766) publicó en 1750 en su *Produzioni matematiche*, o también en el más conocido *Instituciones de cálculo integral* de Leonhard Euler (1707-1783). La obra principal de Euler se publicó entre 1768 y 1794.

A finales del siglo XVIII, la mentalidad de los ilustrados se abría trabajosamente camino también en esa disciplina que desde siempre había parecido demasiado cercana a lo divino.

El mérito principal le corresponde, sin duda, a Immanuel Kant (1724-1804). Más que la iluminación de un genio, se trata de un movimiento de ideas que se extiende por la investigación científica en todos sus ámbitos. Matemáticos como Carl F. Gauss (1777-1855), Évariste Galois (1811-1832) y J. Baptiste Fourier (1768-1830) desarrollaron después sus atrevidas teorías (¡y demostraciones!) con plena consciencia de operar en una disciplina —las matemáticas— que posee leyes propias y que nada tiene que ver con la teología. Y ello, aun trabajando sobre el infinito o sobre otros objetos matemáticos cuya naturaleza sigue siendo hipotética. Probablemente, esta especie de liberación conceptual sea la premisa de la explosión del pensamiento matemático de la segunda mitad del siglo XIX, con figuras tan importantes como Richard Dedekind (1831-1916) y Georg Cantor. Sin embargo, las sugestiones místicas todavía seguían al acecho, como la maldita serpiente uróboros...

Cantor entra en la historia del infinito de manera tan impactante que aún hoy sigue siendo objeto de polémicas.

Dice Morris Kline (1908-1992): «Después de Cantor, las matemáticas [como estructura lógica] se hallaban en unas condiciones penosas, y los matemáticos recordaban con nostalgia aquellos felices días que habían precedido al descubrimiento de las paradojas».[28] ¿Cuál era el enfoque conceptual que había avivado el joven Cantor y que podía provocar tanto escándalo? Que «la esencia de las matemáticas se encuentra en su libertad». Esta afirmación que Cantor argumentó en su *Fundamentos de una teoría general de las multiplicidades* en 1883 se ha vuelto proverbial. Con un método que sorprende por su sencillez

---

[28] Morris Kline, *Storia del pensiero matematico*, Einaudi, Turín, 1991. [*El pensamiento matemático de la Antigüedad a nuestros días*, traducción de Juan Tarrés Freixenet, Jesús Hernández Alonso y Mariano Martínez Pérez, Alianza Editorial, Madrid, 2012].

—llamado «de la diagonal» por su configuración gráfica—, Georg Cantor restableció la teoría de los conjuntos. Ya se había demostrado que el conjunto de los números enteros era numerable; ahora Cantor probó que también el conjunto de los números racionales era numerable. Los dos conjuntos son equipotenciales. Intuitivamente, asociamos la idea de numerar con la posibilidad de encontrar un elemento que sigue a otro elemento dado. Sin embargo, en un conjunto denso (como el de los números racionales) sabemos que entre dos números hay infinitos números más…, como los famosos infinitos puntos de un segmento, conocidos ya desde hace tiempo. Si construimos con ese segmento un cuadrado, este contendrá infinitos puntos, e infinitos puntos también tendrá el cubo… La cantidad es irrelevante cuando se habla de infinito. A esta cantidad Cantor la llama álef 1 y será la misma en cualquier hiperespacio multidimensional, la cantidad de «infinitos infinitos», *unendliche Unendlichkeiten*, que en alemán es una expresión menos ambigua que en italiano y menos adecuada para los versos de una cancioncilla. Fue casualidad que Cantor enumerara cinco tipos de infinito, el último de los cuales es Dios, como ocurre con los jainistas, cuyo pensamiento matemático debía de desconocer. «Si antes de Cantor se decía que nada podía ser más grande que el infinito, después de sus teorías podemos estar seguros de que siempre habrá un infinito más grande que otro. Cantor había superado los límites de la creación: por grande que fuera lo que Dios pudiera crear, siempre existiría un infinito mayor; esta idea contrastaba con las profundas creencias religiosas de Cantor».[29] Así pues, Cantor comenzó a razonar a un nivel mucho más elevado, pero siempre en el vórtice de una espiral conceptual que no podía prescindir de Dios si se estaba afrontando el infinito. Empezó a trabajar en la hipótesis del *continuum*, cuya consistencia matemática sigue siendo controvertida, algo parecido al quinto postulado de Euclides, una especie de pasatiempos para mentes selectas. Tal reflexión lo condujo a una grave enfermedad mental y al aislamiento por parte de la comunidad científica. Parece como si aún pudiéramos escuchar la advertencia de Locke, citada por Zellini.

> Todos los desarrollos del pensamiento matemático a partir de 1930 dejan abiertos dos problemas fundamentales: la demostración de la coherencia del análisis clásico sin restricciones y de la teoría de los conjuntos, y la construcción de las matemáticas sobre una base estrictamente intuicionista o la determinación de este enfoque. La fuente de las dificultades en ambos problemas es el infinito usado en conjuntos infinitos y en procesos infinitos. Este concepto [...] ha sido [desde los tiempos de los griegos] objeto de controversia y ha llevado a Weyl a observar que las matemáticas son la ciencia del infinito.[30]

Estas palabras de Kline se remontan a hace ya casi medio siglo y recuerdan el pensamiento del matemático Her-

---

[29] Enrique Gracián, *Un descubrimiento sin fin. El infinito matemático*, RBA, Barcelona, 2011.

[30] Morris Kline, *op. cit.*

mann Weyl (1885-1955), que con su ecuación contribuyó al desarrollo de la electrodinámica relativista. Pues sí, porque los infinitos aparecen también en la física, precisamente a través de las matemáticas utilizadas para describir las leyes de la naturaleza. ¿Es acaso posible que aparezca en el mundo real lo que los físicos intentan describir? El concepto de infinito está muy mal visto entre los físicos, al menos, cuando deriva de cálculos que deberían describir la evolución de fenómenos decisivos que ocurren. Imaginad, por ejemplo, una estrella al final de su vida, que ha agotado la capacidad de desarrollar en su interior reacciones termonucleares. Al faltar la producción de energía y la relativa presión dirigida hacia el exterior para compensar aquella que se dirige hacia el interior debida a la atracción gravitacional, la estrella, tras una fase de inestabilidad, colapsa. Simplificando al máximo, podemos decir que si la masa que implosiona es lo bastante grande (superior a un determinado valor crítico), el colapso no se detiene, ya que ninguna fuerza conocida es capaz de oponerse eficazmente y detenerlo. Por tanto, la masa se comprimirá en un volumen cada vez más pequeño, hasta convertirse en nulo, y alcanzará una densidad infinita. Algo no cuadra. Concentrados en buscar la descripción del mundo, es decir, de la realidad —sea cual sea el sentido de esta palabra—, los físicos se sienten incómodos cuando en sus modelos aparecen densidades, energías u otras magnitudes infinitas. Los infinitos son considerados indicadores de imprecisión o de incompletitud del modelo analizado, y por tanto una señal de alerta.

Otros, en cambio, se dejan seducir por la capacidad que poseen los infinitos de resolver ciertos problemas. Algunos cosmólogos, como Max Tegmark (1967-), Andréi D. Linde (1948-) y otros, por ejemplo, tras los desarrollos de la teoría de la inflación cósmica, están considerando seriamente la posibilidad de que incluso exista un número infinito de universos (multiverso).

Así, este infinito resolvería también el problema del *fine tuning* de nuestro universo: las diferentes constantes físicas poseen los valores precisos que han propiciado el desarrollo de la vida y que nos permiten estar aquí para medirlas. Sin embargo, la teoría del multiverso ha sido duramente criticada por aquellos que no la consideran científica, ya que no conduce a previsiones verificables y, por tanto, no es (propiamente) falsable.

Otro infinito que parece inevitable, pero que nos pone en un aprieto si tratamos de entenderlo en profundidad, es el de la dimensión temporal: lo eterno. El concepto de eterno que se asocia al de infinito ya está presente en las matemáticas jainistas. Durante siglos, se pensó que la eternidad era una propiedad intrínseca del tiempo, que creíamos que corría inexorable y uniforme, sin principio ni fin. En lo que respecta a lo de uniforme, tuvimos que cambiar de opinión a raíz de los trabajos de Einstein sobre la relatividad. Más recientemente, se ha puesto en duda incluso la existencia misma del tiempo como magnitud objetiva.[31]

[31] Carlo Rovelli, *L'ordine del tempo*, Adelphi, Milán, 2017. [*El orden del*

156

¿Sigue teniendo sentido pensar en su duración? Es probable que se trate de otro infinito físico que desaparece, siempre que aceptemos que alguna vez haya existido.

Quizá el infinito no sea más que una maravillosa aventura mental, «y naufragar en este mar me es dulce».

tiempo, traducción de Francisco J. Ramos Mena, Anagrama, Barcelona, 2018].

Éxplicit

Durante la clase de Matemáticas, a Törless se le ocurrió una idea.

Había seguido con especial interés las últimas lecciones, ya que pensaba: «Si de verdad es como dicen, y esto es una preparación para la vida, debería hacerse alguna alusión a lo que estoy buscando».

Desde que se le había ocurrido aquello sobre el infinito, era precisamente a las matemáticas a lo que quería recurrir.

Y ahora, en medio de clase, le vino a la mente aquella idea fulminante. Apenas salieron los estudiantes, se sentó junto a Beineberg, el único con el que podía hablar de tales cosas.

—Dime, ¿has entendido este asunto?

—¿Qué asunto?

—El de los números imaginarios.

—Sí. Tampoco es tan difícil. Lo que hay que recordar es que la raíz cuadrada de menos uno es la unidad con la que se tiene que calcular.

—Pues a eso me refiero. Quiero decir, dicha unidad no existe. Todo número, ya sea positivo o negativo, elevado al cuadrado, da una cantidad positiva. Así que no puede haber un número real que sea la raíz cuadrada de una cantidad negativa.

—Exacto. Pero, de la misma manera, ¿por qué no deberíamos intentar obtener la raíz cuadrada de un número negativo? Obviamente, no puede tener un valor real. Por eso el resultado se llama imaginario. Es como si dijeras: aquí siempre hay alguien sentado, así que pongámosle hoy también una silla; y si mientras tanto se muere, pues sigamos haciendo como si viniera.

—Pero ¿cómo lo hacemos, sabiendo con certeza, con certeza matemática, que es imposible?

—Bueno, seguimos comportándonos como si no fuera así. Igualmente, obtendremos un resultado. En el fondo, ¿no ocurre lo mismo con los números irracionales? Una división que no termina nunca, y una fracción cuyo valor nunca averiguaremos, ¡ni tras cien años de cálculos! ¿Y qué me dices de lo de las dos líneas paralelas que se cruzan en el infinito? Yo creo que, si fuéramos demasiado puntillosos, no existirían las matemáticas.

—Eso es verdad. Pensándolo así, es bastante curioso. ¡Pero lo gracioso es que, precisamente, con esos valores imaginarios o en cierto modo imposibles se puedan hacer las típicas operaciones y al final obtener un resultado tangible!

—Sí sí, todo eso ya lo sé. Pero ¿no hay también algo extraño en ello? A ver cómo lo digo. Piénsalo. En un cálculo así, comienzas con números sólidos que representan metros o pesos u otra cosa tangible, o que por lo menos son números reales. Al final del cálculo, los resultados son también números reales. Pero estos dos grupos de números reales están conectados por algo que sencillamente no existe. ¿No te recuerda a un puente en el que solo hay pilares a un extremo y otro, y que alguien lo atraviesa tranquilamente como si estuviera entero? A mí estos cálculos me dan vértigo, como si llevaran vete tú a saber dónde. Pero lo que me horripila es la fuerza contenida en un problema de este tipo, una fuerza que te sujeta tan fuerte que al final aterrizas sano y salvo al otro lado.

Beineberg hizo un gesto sarcástico.

—Ya hablas casi como nuestro cura…

[…]

Ese mismo día, Törless había pedido una tutoría al profesor de Matemáticas para discutir unos puntos de su última clase.

[…]

El profesor sonreía, tosió un par de veces y dijo:

—¿Me permite? —Encendió un cigarro, le dio unas caladas rápidas […] y finalmente le quitó la palabra—. Me alegro, querido Törless, me alegro mucho —dijo interrumpiéndole—. Sus dudas muestran seriedad, cierta reflexión, y…, hum…, pero no es tan fácil darle las explicaciones que desea… No me malinterprete. Mire, usted ha hablado de la intervención de factores trascendentes…, hum, sí…, se dice así… Ahora yo, como es obvio, desconozco cuáles son sus sentimientos sobre este asunto. Siempre es un tema delicado hablar de lo suprasensible, y de todo lo que se halla más allá de los estrechos límites de la razón. No es asunto mío intervenir en semejantes cuestiones; estaría fuera de mi campo. Se puede pensar esto o aquello, y a mí me gustaría evitar cualquier polémica… Sin embargo, en lo que concierne a las matemáticas —y puso el acento en la palabra «matemáticas», como si cerrara de una vez por todas una puerta fatal—, en lo que concierne a las matemáticas, no cabe duda de que también aquí las correlaciones son naturales y exclusivamente matemáticas.

»Solo que, para permanecer en el ámbito estrictamente científico, debería partir de ciertas premisas que a usted le costaría entender y, además, no tenemos tiempo.

»Mire, admito que, por ejemplo, estos números imaginarios, estas cantidades que en realidad no existen, ja, ja, son un hueso duro de roer para un joven estudiante. Usted debe aceptar el hecho de que tales conceptos matemáticos no son ni más ni menos que conceptos inherentes a la naturaleza del pensamiento puramente matemático. Piense una cosa: en el estadio elemental en el que usted se encuentra, es muy difícil dar una explicación correcta a muchas cosas que hay que tocar. Por suerte, muy pocos estudiantes se dan cuenta de ello, pero, si viene uno, como ha venido usted hoy (y, como he dicho antes, me alegro mucho de que haya venido a verme), entonces no queda más que decir: "Querido joven amigo, confíe en mí. Cuando sepa diez veces más de matemáticas de lo que sabe ahora, lo entenderá; de momento, ¡crea!".

»No hay otra solución, querido Törless. Las matemáticas son un mundo aparte, y hay que vivir mucho tiempo en dicho mundo para experimentar y conocer todo lo que necesariamente le pertenece.

La inquietud matemática estuvo presente a lo largo de toda la vida del escritor austriaco Robert Musil (1880-1942). Hijo de un ingeniero, en 1901 se licenció en Ingeniería por la universidad politécnica donde enseñaba su padre, y más tarde, en 1908, en Física Teórica, con una tesis sobre Ernst Mach. En 1913, escribió un breve ensayo titulado *El hombre matemático* (*Der mathematische Mensch*) en el que advierte de que el matemático puro es consciente de la «diabólica peligrosidad de su propio intelecto» que avanza peligrosamente más allá del uso de las matemáticas en las ciencias exactas. Es el desasosiego propio de una generación —sobre todo de lengua alemana— que siguió los enunciados de Georg Cantor.

Los textos aquí propuestos como éxplicit están extraídos de *I turbamenti del giovane Törless* (*Las tribulaciones del estudiante Törless*), traducidos al italiano por Anita Rho, Einaudi, Turín, 1990, págs. 90 y sigs. [*Las tribulaciones del estudiante Törless*, traducción de Roberto Buxio, Seix Barral, Barcelona, 2002].

Lecturas recomendadas

U. Bottazzini, G. Fischer, *Istanti fatali. Quando i numeri hanno spiegato il mondo*, Laterza, Roma; Bari, 2019.

A. Buttarelli, *Concepire l'infinito*, La Tartaruga, Milán, 2005.

S. Coronella, *Storia della ragioneria italiana. Epoche, uomini e idee*, Franco Angeli, Milán, 2015.

U. D'Ambrosio, *Etnomatematica*, Pitagora, Bolonia, 2002. [*Etnomatemáticas. Entre las tradiciones y la modernidad*, Díaz de Santos, Madrid, 2014].

I. Ghersi, *Matematica dilettevole e curiosa*, Hoepli, Milán, 1963.

G. Gheverghese Joseph, *C'era una volta un numero. La vera storia della matematica*, Il Saggaiatore, Milán, 2000.

T. Maccacaro, C. M. Tartari, *Storia del dove. Alla ricerca dei confini del mondo*, Bollati Boringhieri, Turín, 2017. [*Historia del dónde. En busca de los confines del mundo*, traducción de Mercedes Corral, Siruela, Madrid, 2019].

P. Marovelli, E. Paolini, G. Saccomano, *Introduzione a Paperino*, Sansoni, Florencia, 1974.

B. Sablonnière, *Una nuova geografia del cervello*, Dedalo, Bari, 2018.

<www.buongiornomatematica.it>, de Letizia Vaioli.

Agradecimientos

Es nuestro deber dar las gracias a los amigos y familiares que se han prestado a leer y releer estas páginas, ofreciéndonos valiosos comentarios que nos han permitido mejorar la exposición y aclarar algunos conceptos.

Gracias en particular al amigo y compañero Leonardo Gariboldi, cuyos conocimientos como historiador de física, unidos a una lectura atenta del manuscrito, nos han permitido corregir errores e imprecisiones.

Un agradecimiento especial a Anastasia Devetta, que nos ha dirigido hacia Edizioni Clichy; y a nuestra editora Elisa Frilli por su apasionada revisión, además de por su rigurosa profesionalidad.

Claudio Maria Tartari da las gracias a Giulio Saccomano (de la Accademia dei Marginali de Florencia) y a Nadija Chekoufi por las informaciones de carácter filológico, a Fabrizio Baroni por las charlas itinerantes y a Alessandra Lenzi, directora de la Biblioteca del Museo Nazionale della Scienza Galileo Galilei de Florencia, por su hospitalidad y sus orientaciones de lectura.

Tommaso Maccacaro le está muy agradecido a Michela Cavinato por los consejos recibidos durante la redacción del texto y por las numerosas relecturas.

Por último, nos alegra recordar con cariño a Casimiro Altamura, nuestro maestro del colegio Leonardo da Vinci de Milán, quien fue el primero que, hace ya más de sesenta años, nos enseñó a jugar con los números.